Kerber/Stirl

Brücken und Kunstbauten

auf Modellbahnanlagen

Die Modellbahn-Werkstatt

BRÜCKEN UND KUNSTBAUTEN
auf Modellbahnanlagen

Georg Kerber Andreas Stirl

Einbandgestaltung: Nicole Lechner

Das Titelbild und alle anderen Fotos stammen von Andreas Stirl,
die Zeichnungen von Georg Kerber.

Eine Haftung des Autors oder des Verlages und seiner Beauftragten für Personen-, Sach- und Vermögensschäden ist ausgeschlossen.

ISBN 3-344-71048-6

© 1996 by transpress-Verlag, Postfach 10 37 43, 70032 Stuttgart
Ein Unternehmen der Paul Pietsch Verlage GmbH + Co
2. Auflage 1999

Der Nachdruck, auch einzelner Teile, ist verboten. Das Urheberrecht und sämtliche weiteren Rechte sind dem Verlag vorbehalten. Übersetzung, Speicherung, Vervielfältigung und Verbreitung einschließlich Übernahme auf elektronische Datenträger wie CD-Rom, Bildplatte usw. sowie Einspeicherung in elektronische Medien wie Bildschirmtext, Internet usw. ist ohne vorherige schriftliche Genehmigung des Verlages unzulässig und strafbar.

Lektor: Claus-Jürgen Jacobson
Hersteller: Viktor Stern
Druck: Rung-Druck, Göppingen
Bindung: E. Riethmüller, Stuttgart
Printed in Germany

Inhaltsverzeichnis

	Einleitung	7
1	**Eisenbahnbrücken**	9
1.1	Entwurfsgrundlagen	15
1.2	Übliche Brückenbauarten und Systeme	18
1.2.1	Massivbrücken	20
1.2.2	Stählerne Brücken	22
1.3	Überbauquerschnitte	26
1.3.1	Massivbrücken	26
1.3.2	Stahlbrücken	28
1.4	Stützungen und Widerlager	32
1.5	Sonderformen und Sonderbauarten	33
1.6	Brücken auf Modellbahnanlagen	37
1.6.1	Eigenbau von Brückenüberbauten im Modell	38
1.6.2	Industriemodelle von Brückenüberbauten	43
1.6.3	Bau von Brückenunterstützungen und Widerlagern	44
2	**Kunstbauten der Eisenbahn**	47
2.1	Tunnelbauten und Entwurfsgrundlagen	47
2.2	Überführungsbauwerke	57
2.3	Stützmauern und Hangverbauungen	58
2.4	Kunstbauten auf Modellbahnanlagen	60
2.4.1	Tunnelbauten im Modell	61
2.4.2	Überführungsbauwerke im Modell	65
2.4.3	Stützmauern im Modell	65
3	**Tiefbauten der Eisenbahn**	73
3.1	Bahnsteige	73
3.1.1	Bahnsteige auf Modellbahnanlagen	81
3.2	Ladestraßen und Rampen	87
3.3	Gleisabschlüsse und Prellböcke	102
3.4	Spurwechselanlagen	104
3.5	Schrankenanlagen	109
3.5.1	Sicherheit am Bahnübergang	109
3.5.2	Schrankenkonstruktionen	111
3.5.3	Schrankenanlagen auf der Modellbahn	112
3.6	Sonstige Anlagen am Gleis	114

Anhang:

NEM-Blätter	118
Adressen von Modellbahn- und Modellbahnzubehör-Herstellern	127
Sachwortverzeichnis	130

Einleitung

Der Begriff Kunstbauten ist durchaus als »Terminus technicus« des Eisenbahnbaus zu verstehen. Er entstand zu einer Zeit, als man erkannte, daß bestimmte Bauwerke und Anlagen nur von Künstlern oder Architekten entworfen, konstruiert und berechnet werden dürfen, die dazu eine spezielle technische Ausbildung genossen haben. Somit lag der Schwerpunkt von Anfang an auf den sachkundigen Tragfähigkeitsberechnungen für diese Bauten. Wir würden heute von Ingenieurbauwerken sprechen. Zu den Kunstbauten zählen alle Brücken, Durchlässe, Stützmauern, Tunnel, Hangverbauungen und Lawinenschutzbauten. Bahnanlagen also, die zur Überwindung von natürlichen und künstlichen Hindernissen notwendig sind. Gebäude und Hochbauten der Bahn gehören in diesem Sinne nicht zu den Kunstbauten.

Daß im vorliegenden Band der Reihe »Modellbahn-Werkstatt« die Brücken thematisch von den übrigen Kunstbauten getrennt wurden, hat seinen Grund in der besonderen Bedeutung von Eisenbahnbrücken. Sie sind spezielle technische Bauwerke, deren Entwurf und Bau ein hohes theoretisches und praktisches Wissen und Können voraussetzt. Aus diesem Grund sind die theoretischen Ausführungen zu diesem Thema ausführlicher als sonst in der Modellbahnliteratur üblich. Brücken anderer Verkehrsträger (z.B. Straßenbrücken) werden in einem späteren Band behandelt.

Darüberhinaus enthält dieser Band Modellbaubeschreibungen zu ganz schlichten Anlagen des großen Vorbildes, wie etwa zu Bahnsteigen, Rampen, Ladestraßen, Prellböcken und Schranken. Auch wenn manch einem diese Details gar nicht als »Bahnanlagen« erscheinen mögen, so sind sie doch unverzichtbare Bestandteile des Vorbildes und sollten bei einer vorbildgetreuen Modellbahnanlage berücksichtigt werden.

1
Eisenbahn-
brücken

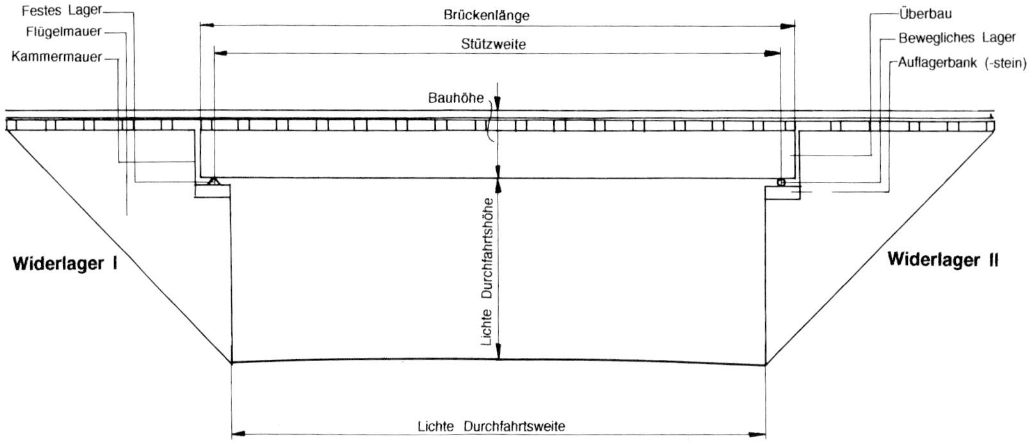

1 Eisenbahnbrücken

Festes Lager
Flügelmauer
Kammermauer
Brückenlänge
Stützweite
Bauhöhe
Überbau
Bewegliches Lager
Auflagerbank (-stein)

Lichte Durchfahrtshöhe

Widerlager I
Widerlager II

Lichte Durchfahrtsweite

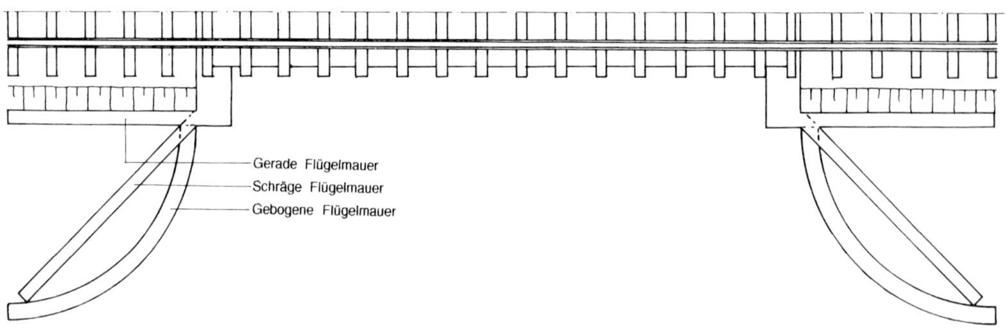

Gerade Flügelmauer
Schräge Flügelmauer
Gebogene Flügelmauer

Oben: Wichtige Begriffe am Brückenbauwerk. Andere Begriffe für gleiche Bedeutungen sind unterschiedlich möglich und meistens landschaftlich bedingt.

Selten zu sehen: Eine Kanalbrücke. Nordöstlich von Magdeburg überquert der Mittellandkanal die Eisenbahnstrecke Magdeburg - Wolmirstedt.

1 Eisenbahnbrücken

Definition: Brücken sind Ingenieurbauwerke mit einer Stützweite von mindestens 2 m, die dazu bestimmt sind, Lasten über natürliche oder künstlich angelegte Hindernisse hinwegzuführen, bzw. Räume über Flächen und Anlagen in festgelegten Höhen freizuhalten.

Mit dem Begriff »Ingenieurbauwerk« wird darauf hingewiesen, daß für den Entwurf und die Errichtung solcher Bauwerke nicht die Einhaltung der allgemeinen Regeln der Baukunst allein genügt, sondern daß dafür Tragfähigkeitsnachweise notwendig sind, die auf den wissenschaftlichen Grundlagen der Statik und Festigkeitslehre beruhen.

Brückenbauwerke mit Stützweiten unter 2 m werden als Durchlässe bezeichnet. Diese dienen der Durchführung von Fußwegen, Rohrleitungen und kleinen Bächen unter dem jeweiligen Verkehrsweg. Entsprechend der Bauausführung unterscheidet man in Rohrdurchlässe, Plattendurchlässe und Gewölbedurchlässe (gemauert oder betoniert).

Je nach der Art der Nutzung der Brücken spricht man von Eisenbahnbrücken, Straßenbrücken,

Schiffsbrücken für die Eisenbahn sind temporäre (zeitweilige, Behelfs-) Brücken. Zur Nutzung des Flusses durch die Schifffahrt, wird ein - meistens in der Fahrrinne befindlicher - Brückenteil, die Schließfähre, zu bestimmten Tageszeiten ausgeschwommen.

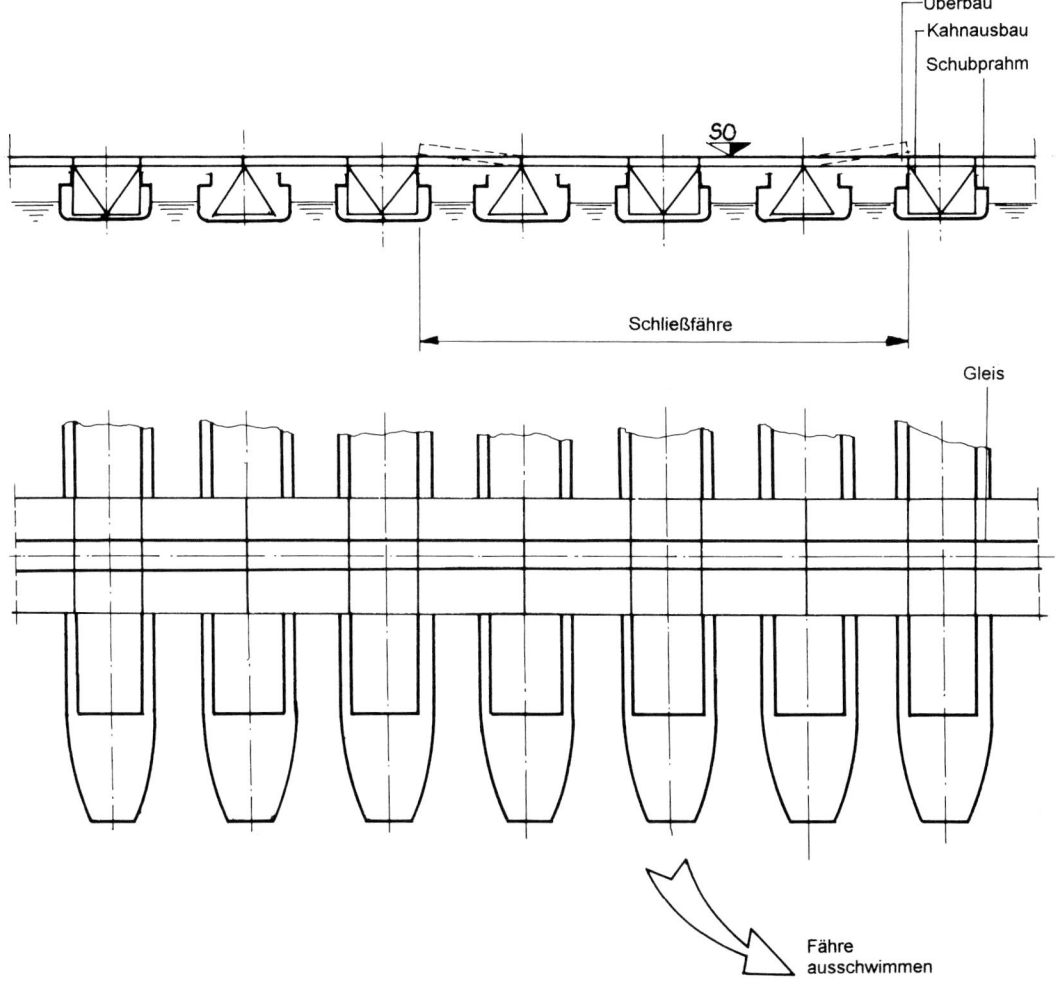

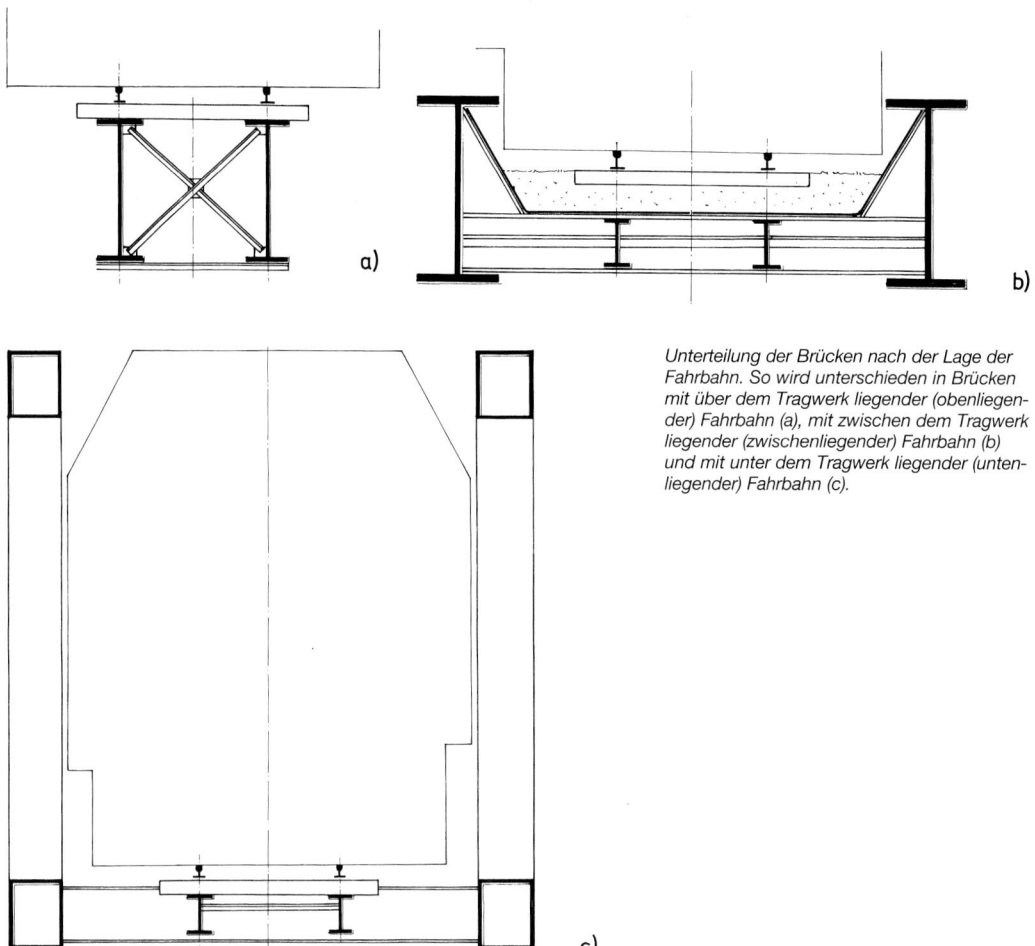

Unterteilung der Brücken nach der Lage der Fahrbahn. So wird unterschieden in Brücken mit über dem Tragwerk liegender (obenliegender) Fahrbahn (a), mit zwischen dem Tragwerk liegender (zwischenliegender) Fahrbahn (b) und mit unter dem Tragwerk liegender (untenliegender) Fahrbahn (c).

Fußgängerbrücken, Signalbrücken, Rohrbrücken, Kanalbrücken und kombinierten Brücken. Neben den zuerst genannten und allgemein bekannten dürften die Rohr- und Kanalbrücken vielfach unbekannt sein. Rohrbrücken dienen der Überführung von Rohrleitungen (z.B. Heiz-, Öl- oder Gasleitungen) über bestimmte Hindernisse. Kanalbrücken überführen Schiffskanäle in riesigen Trögen über andere Verkehrswege. Eine solche Kanalbrücke führt z.B. den Mittellandkanal bei Barleben über die Eisenbahnlinie Magdeburg - Wolmirstedt hinweg. Kombinierte Brücken wurden besonders in verkehrsarmen Gegenden errichtet, wo die gleichzeitige Nutzung der Brücke durch Eisenbahn und Straßenverkehr betrieblich leicht zu überwachen ist.

Nach dem kinematischen Verhalten der Brücken unterscheidet man in feste und bewegliche Brücken. Dabei zählt die Mehrzahl der Brücken zu den festen, auch wenn infolge der dynamischen (Durchbiegung durch rollende Fahrzeuge) und thermischen (Ausdehnen und Zusammenziehen von Baugliedern infolge Wärme und Kälte) Belastungen geringe Lageveränderungen vor sich gehen.

Im Gegensatz dazu wird bei beweglichen Brücken der gesamte Überbau (oder Teile davon) kurzzeitig so verändert, daß z.B. ein unter der Brücke hindurchführender Schiffahrtsweg befahrbar wird. Diese Lageveränderungen des Überbaus können horizontale (Drehbrücken), vertikale (Hubbrücken) oder kippende (Klappbrücken) Bewegungen sein.

1 Eisenbahnbrücken 13

Fachwerkbrücken aus Stahl. Da die Systemhöhe eines Tragwerks entscheidend ist für dessen Tragfähigkeit, ist man bestrebt, die Träger möglichst hoch zu bauen. Da jedoch vollwandigen Trägern ab Höhen von etwa 1500 mm ästhetische und konstruktive Grenzen gesetzt sind, löst man die Wände auf: z.B. wie hier in ein Fachwerk.

Eine ganz spezielle Art von beweglichen Brücken im kinematischen Sinne sind die Schiffsbrücken. Hier dienen Kähne oder Prahme als schwimmende Unterstützungen für Brückenüberbauten aus Stahlträgerkombinationen. Solche Behelfslösungen sind häufig Bestandteil des militärischen Brückenbaus und werden unter zivilen Bedingungen nur ganz selten angewandt. Wenn solche Schiffsbrücken über schiffbare Flüsse geschlagen werden, dienen ausschwimmbare Fähren (zwei bis drei Kähne) zum Öffnen der Brücke in der Fahrrinne des Schiffsverkehrs.
Nach der Lage der Fahrbahn zu den Hauptträgern unterscheidet man die Brücken in solche mit obenliegender Fahrbahn (Deckbrücken), mit untenliegender Fahrbahn (Trogbrücken) sowie in Brücken mit einer sogenannten zwischenliegenden Fahrbahn, die zwischen den Hauptträgern liegt. Bei Massivbrücken ist eine solche Unterscheidung nicht nötig, da hier das Tragwerk (Mauerwerk, Stahl- oder Spannbetonkonstruktion) in jedem Fall unter der Fahrbahn liegt.
Nach dem vorwiegend verwendeten Baustoff werden Brückenbauwerke in Stahl- und Massivbrücken unterschieden. Dabei wird diese Unterscheidung relativ großzügig gehandhabt und bezieht sich ausschließlich auf die Konstruktion des Brückenüberbaus. So spricht man ohne Einschränkung von einer »Stahlbrücke«, auch wenn die Unterstützungen unter dem stählernen Überbau aus massiven Baustoffen (Stein, Beton) bestehen. Natürlich können auch Kombinationen zwischen beiden Baustoffarten auftreten, wie es z.B. beim Verbundträger der Fall ist, wo die Druckspannungen (im oberen Trägerbereich) durch eine Stahlbetonplatte und die Zugspannungen (im unteren Trägerbereich) durch Stahlprofile (Doppel-T-Träger) aufgenommen werden.
Eine pauschale Sicherheit von Brücken gibt es nicht. So ist es generell unsinnig, im Brückenbau von einer »dreifachen« oder »fünffachen« Sicherheit zu sprechen. Die Haupttragglieder einer Brücke müssen so bemessen sein, daß alle eventuell auftretenden Kräfte oder Kräftekombinationen im Bereich der Elastizitätsgrenzen der jeweili-

Massive Brücken lassen - wenn sie wie hier aus Steinmauerwerk errichtet wurden - keine so eindeutige Unterscheidung zwischen Über- und Unterbau zu wie Stahlbrücken. Nur die Kämpferpunkte an den Enden der Bogenleibung lassen erkennen, wo die Kräfte des Überbaus in die Stützkonstruktion übergehen.

gen Baustoffe aufgenommen werden. Nebeneinrichtungen hingegen werden oftmals bis an die Bruchgrenze dimensioniert. So genügt ein Geländer seinen Ansprüchen, wenn es ein anprallendes Fahrzeug gerade noch auffangen und seinen Absturz verhindern kann. Daß es danach stark deformiert und nicht mehr zu verwenden ist, nimmt man in Kauf, ist doch das Ersetzen eines Geländerteils ein kleineres Übel als das Auswechseln eines ganzen Hauptträgers. Daraus ergibt sich auch die für den Laien extrem filigrane Gestaltung eines Brückengeländers im Vergleich zur Wuchtigkeit der Hauptträger.

Stahlverbundbrücken lassen zwar häufig besondere Formschönheit vermissen, sie sind jedoch leicht zu bauen. Die in Reihe liegenden Doppel-T-Träger (NP- oder Peiner-Träger) übernehmen die Zugspannungen im unteren Querschnittsbereich und dienen beim Bau gleichzeitig als Schalung für den darüberliegenden (unbewehrten) Beton. Dieser nimmt problemlos alle Druckspannungen auf. Beim Bau müssen lediglich die Seitenwände und die eventuellen Gehwegkonsolen eingeschalt werden.

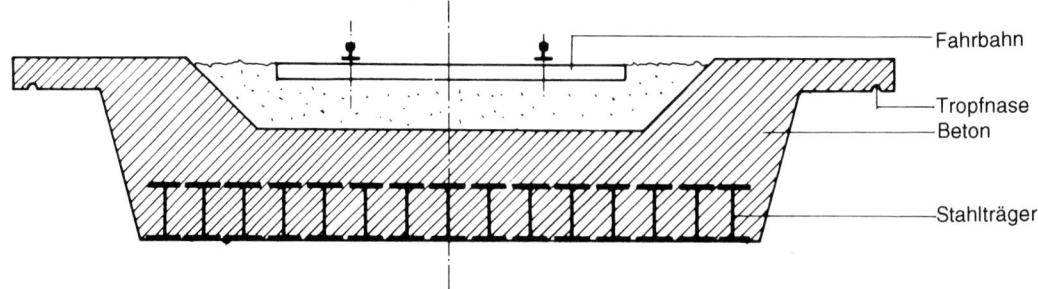

1.1 Entwurfsgrundlagen

Für den Entwurf und die Konstruktion einer Brücke müssen eine Vielzahl von Einflüssen berücksichtigt werden, deren Kenntnis für den Modelleisenbahner nicht ganz uninteressant sein dürfte, Hängt doch davon ganz wesentlich die kluge Umsetzung ins Modell und damit die vorbildgetreue Aufstellung von Brücken auf der Modellbahnanlage ab.

Die wesentlichsten Prämissen für den Brückenentwurf sind:

Ästhetische Anforderungen
Die ästhetischen Anforderungen an die Gestalt des Bauwerks im Zusammenhang mit der vorhandenen Umwelt. Spielte früher dieser Gesichtspunkt gegenüber der technischen Lösung eine eher untergeordnete Rolle, wird er bei modernen Konstruktionen an erste Stelle gesetzt, wobei der Umweltschutz ein gewichtiges Wort mitzureden hat. Die Frage nach den technischen Lösungen wird heute aufgrund der Beherrschung moderner Berechnungs- und Fertigungsmethoden erst als Zweites gestellt.

Baustoffwahl
Eng verbunden mit der ästhetischen Anforderung an die Brücke ist die Wahl der Baustoffe. So sind mit dem Einsatz verschiedener Baustoffe ganz markante Eindrücke verbunden: Steinbauwerke wirken wuchtig und solide, wobei Sandstein diese Wirkung mindert, während Basalt und Granit sie noch verstärken. Stahlbrücken können dagegen stark gegliedert werden (Fachwerkträger). Ihre freien Stützweiten sind jedoch begrenzt, wenn sie nicht als seilverspannte Brücken ausgeführt werden. Moderne Spannbetonkonstruktionen sind sehr dünnschalig und können weit gespannt sein. Bevorzugt wird dieser Baustoff bei Talbrücken (Viadukte), wo die Fahrbahn auf

Werden die Stähle im Inneren von Betonkonstruktionen mit einer Vorspannung versehen, lassen sich extrem dünnschalige und tragfähige Bauteile herstellen. Im Brückenbau haben sich in dieser Bauweise ganz besonders weitgespannte Bogenscheiben (bis 200 m Stützweite) mit aufgeständerten Fahrbahnen bewährt.

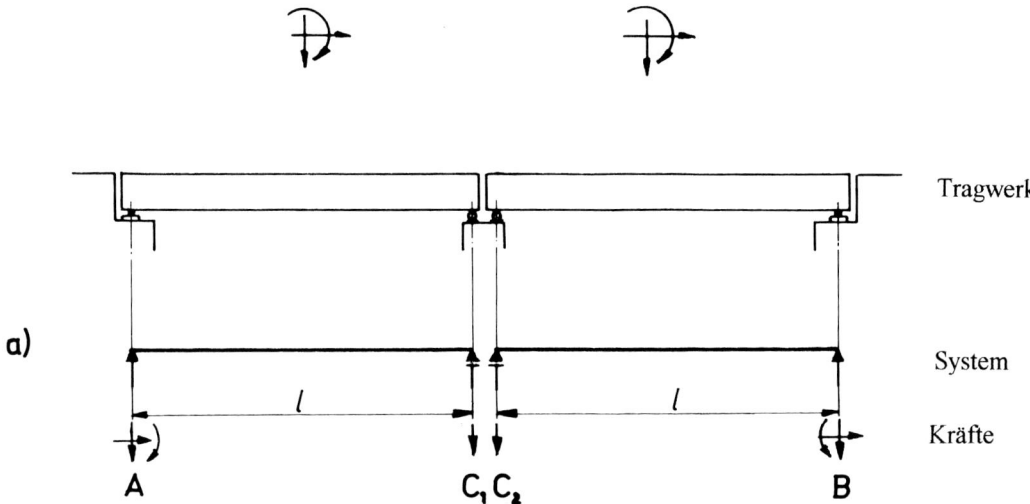

Typischer Vertreter eines statisch bestimmten Tragwerks ist der »Träger auf zwei Stützen«. Die »Freiheitsgrade« eines solchen Trägers (horizontale, vertikale und drehende Bewegungsfreiheit) werden durch je ein festes und ein bewegliches Lager aufgenommen («gefesselt»). Ein wichtiger Vorteil des »Trägers auf zwei Stützen« im Brückenbau ist seine Unempfindlichkeit gegen Stützensenkungen, nachteilig sind die relativ großen Abmessungen.

einen weitgespannten Bogen aufgeständert wird. Die helle Farbe des Betons verstärkt dabei den ohnehin leichten Eindruck.

Statische Systeme
Entscheidend für die spätere Berechnung aller Tragwerke ist die Wahl des statischen Systems. Grundsätzlich unterscheidet man im Bauwesen zwei Gruppen: Die statisch bestimmten und die statisch unbestimmten Systeme. Hauptunterschied ist dabei die Bindung der »Freiheitsgrade« eines Tragwerks (in der Statik »Träger« genannt) durch Lager und Gelenke. Bei statisch bestimmten Systemen werden alle drei Freiheitsgrade (Bewegung in der Vertikalen, Bewegung in der

Das statisch unbestimmte Tragwerk hat mehr »Fesselungen« als »Freiheitsgrade«. Hier: 3 Freiheitsgraden stehen 4 Fesselungen (festes Lager: 2 Fesselungen, bewegliches Lager: 1 Fesselung) gegenüber. Man spricht von einem »Durchlaufträger«. Das bestimmt u.a. einen seiner Vorteile; das Bauwerk kann schlanker gestaltet werden als ein Träger auf zwei Stützen. Einer der Nachteile dieses Systems ist die Empfindlichkeit gegen (ungewollte) Stützensenkungen.

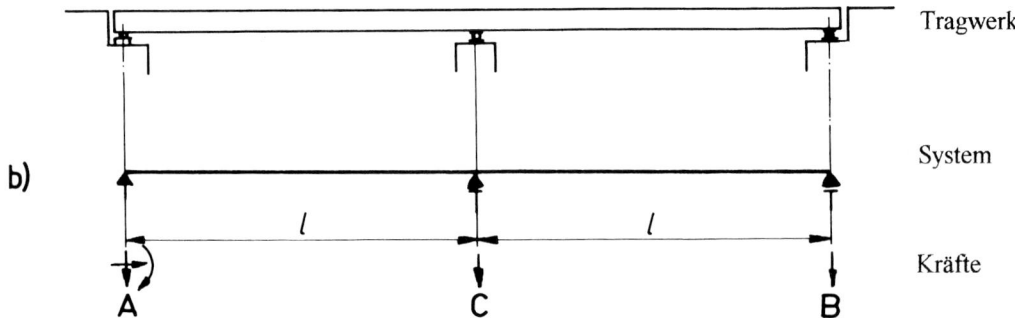

1.1 Entwurfsgrundlagen

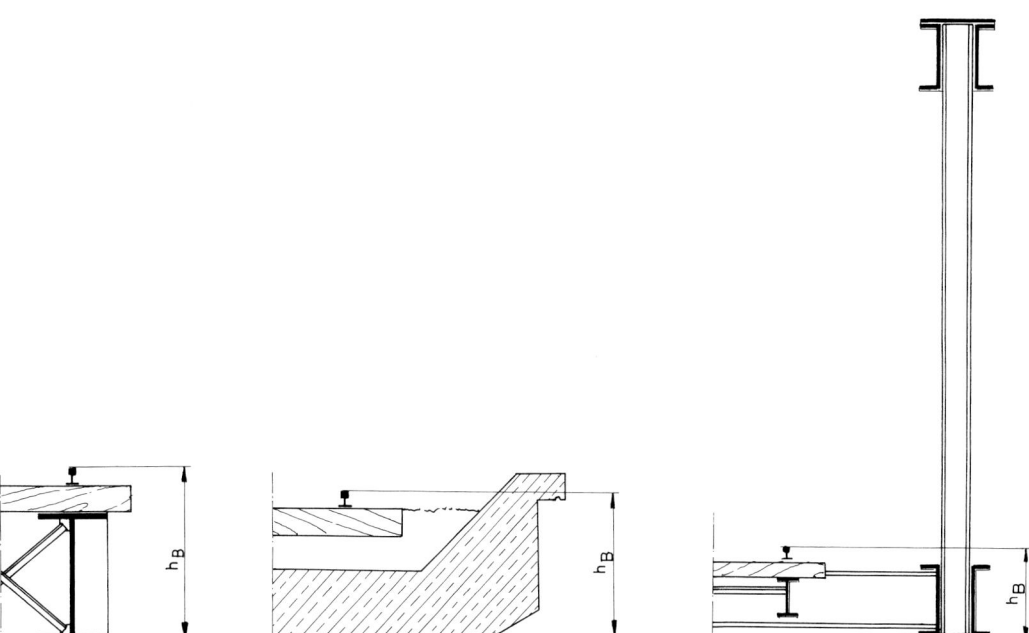

Horizontalen und Bewegung infolge Durchbiegung) durch Gelenke und Lager aufgenommen. Typischer Vertreter dieser Kategorie ist der »Träger auf zwei Stützen«. Hier werden die möglichen Bewegungen in horizontaler Richtung durch das feste Auflager, Bewegungen in vertikaler Richtung durch das feste und bewegliche Auflager und Bewegungen infolge Durchbiegung durch das bewegliche Auflager »gefesselt«.

Typischer Vertreter des statisch unbestimmten Systems ist der Durchlaufträger über mehrere Stützen. Für den Laien unterscheiden sich Bauwerke, die nach beiden Systemen berechnet und konstruiert wurden, äußerlich kaum voneinander. Der Hauptvorteil des statisch bestimmten Systems liegt neben der einfacheren Berechnung in der Unempfindlichkeit des Systems gegenüber Stützensenkungen, ein bei unsicheren Baugrundverhältnissen oft entscheidender Faktor. Dafür sind die Bauteile in einem statisch bestimmten System in der Regel größer als die nach einer statischen Unbestimmtheit berechneten. Grundsätzlich ist aber zu beachten, daß z.B. Träger in beiden Systemen nur ein festes Auflager haben. Der Träger auf zwei Stützen hat außerdem ein bewegliches, der Durchlaufträger mehrere bewegliche (keine festen!) Auflager.

Die Bauhöhe (Abk.: h_B) ist das Maß zwischen der Unterkante der Brückenkonstruktion und der Schienenoberkante (SO). Sie ist somit ein wichtiges Maß im Eisenbahnbrückenbau, bestimmt sie doch maßgeblich die lichte Durchfahrtshöhe unter zwei sich in festgelegter Höhe kreuzenden Verkehrswegen. Im Regelfalle ist die Bauhöhe bei Fachwerkbrücken am geringsten und bei Brücken mit obenliegender Fahrbahn am größten.

Bauhöhe

Die Bauhöhe ist das Maß zwischen der Unterkante des Bauwerks (Brücke) und der Oberkante der Fahrbahn – bei Straßenbrücken ist das die Straßenfläche, bei Eisenbahnbrücken die Schienenoberkante (SO). Dieses Maß ist besonders bei Kreuzungsbauwerken von Bedeutung, weil wegen der möglichst geringen Anrampung des überkreuzenden (oder wegen der Größe des freizuhaltenden Lichtraumes des überführten) Verkehrsweges eine geringe Bauhöhe dringend erwünscht ist. Das beeinflußt wesentlich die Konstruktion des Brückenüberbaus.

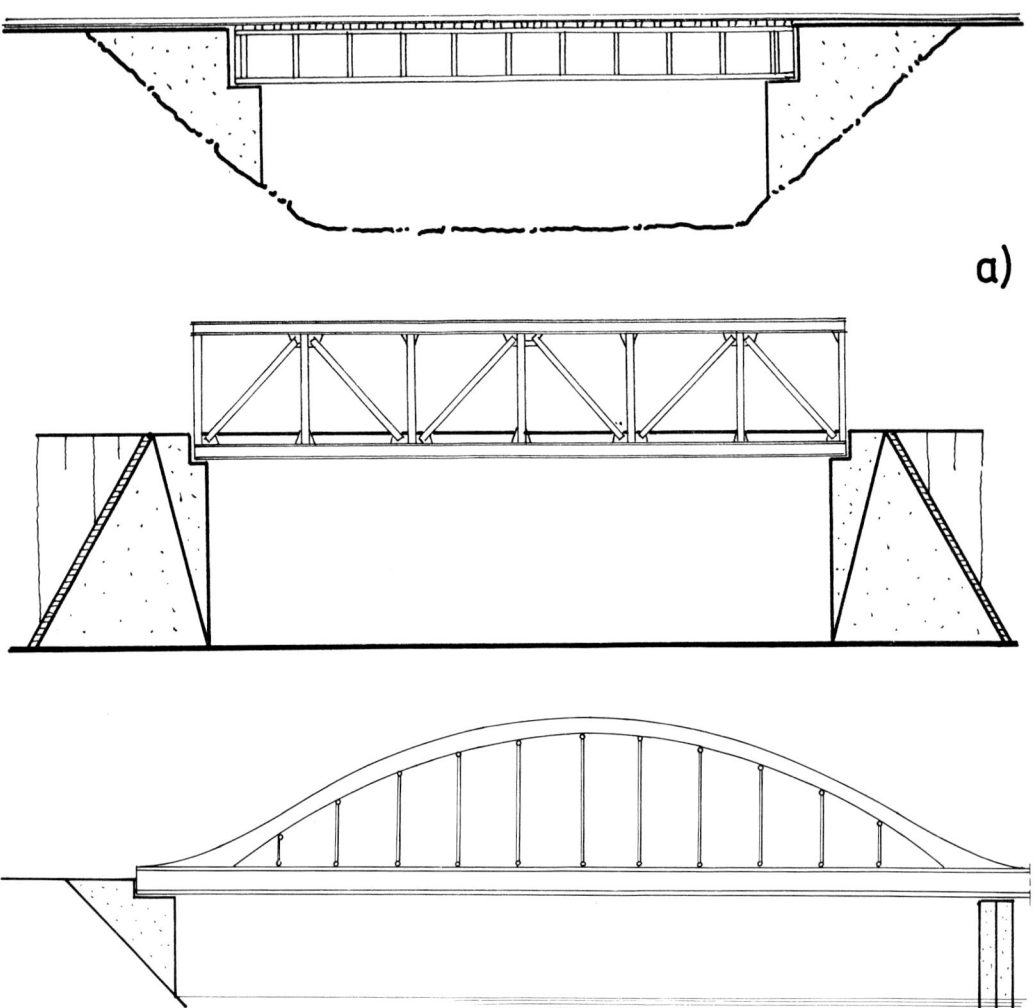

1.2
Übliche Brückenbauarten
und Systeme

Charakteristisch für Balkenbrücken ist der in der Regel parallele Verlauf der Balkengurte (Ober- und Untergurt). Dabei können die Scheiben vollwandig (a)) oder zum Fachwerk aufgelöst (b)) sein. Ausnahmen bestätigen die Regel: Beim Stabbogen ist der Obergurt gebogen (c)). Dennoch sind die Ecken am Übergang zwischen Ober- und Untergurt biegesteif. Die Füllstäbe haben keine tragende Funktion.

Balken
Ob nach einer statischen Bestimmtheit oder Unbestimmtheit berechnet – Haupttragglied einer Brücke ist in der Regel der balkenartige Brückenträger. Dieser Begriff hat im Zusammenhang mit der komplexen Brückenbeschreibung eine weitergefaßte Bedeutung als die speziell auf ein Bauteil (z.B. Doppel-T-Träger, Hohlkastenträger...) bezogene. Charakteristisch für die Balkenform ist der parallele Verlauf von Ober- und Untergurt. Ein solcher Brücken-Hauptträger kann z.B. ein Hohlkasten-, ein Vollwand- oder ein Fachwerkträger sein. Auch die Fertigteile der Überbauten moderner Stahl- und Spannbetonbrücken werden als Balken bezeichnet. Sie werden meistens als nebeneinanderliegende Balkenreihe ausgeführt.

1.1 Übliche Brückenbauarten und Systeme

Bogen

Krümmt man einen Balken, so erhält man einen Bogen. Durch den nun aber besseren Verlauf der zumeist lotrechten Lasten innerhalb des Tragwerks hat der Bogen eine wesentlich größere Tragfähigkeit als der Balken, aus dem er hervorgegangen ist. Ideal ist dabei eine parabelförmige Krümmung nach den Funktionen

$$y = F(x^2) \text{ oder } y = f(x^3)$$

Um jedoch auf diesem Bogen fahren zu können, muß die waagerecht verlaufende Fahrbahn aufgeständert oder angehängt werden. Die Auflagerung des tragenden Bogens an den Widerlagern kann statisch bestimmt (durch Gelenke) oder statisch unbestimmt (eingespannt) erfolgen. Weitgespannte Bögen erhalten zur Verringerung der inneren Spannungen noch ein Gelenk in Scheitelmitte; Man spricht dann von einem »Dreigelenkbogen«. Die Vorteile des Bogens als Tragwerk nutzt man auch aus, indem man den Ober- bzw. Untergurt des geraden Balkens krümmt. Bei diesem »Stabbogen« ist die waagerecht verlaufende Fahrbahn (Untergurtträger) und der gekrümmte Obergurtträger eine konstruktive (biegesteife) Einheit.

Seilverspannungen

Extrem weit gespannte Balken müssen an einer Vielzahl von »Auflagerpunkten« die Kräfte abgeben können, wozu Seilkonstruktionen verwendet werden. Früher benutzte man dazu ein dickes Hängeseil, das über Stützpylonen geführt und an den Enden in der Erde verankert wurde. Die sich dabei herausbildende »Kettenlinie« folgt mathematisch der Funktion

$$y = f(e^x).$$

An dieser Kettenlinie wird der Balken mit vielen Hängeseilen angehängt – man spricht von einer »Hängebrücke«. Moderne Konstruktionen sehen für die Abspannung des Balkens Zügelseile vor. Diese sind an den Pylonen verankert und verlaufen schräg zu den Aufhängepunkten des Balkens. Da die optimale Neigung dieser Zügel bei etwa 60° liegt, liegen auch ihre Anschlußpunkte an den

Seit kurzer Zeit überspannen zwei besonders »bunte« Stabbogenbrücken die Autobahn A 9 bei Nürnberg. Im Rahmen der Autobahnverbreiterung wurden sie gebaut und erhielten blau gestrichene Ober- und rote Untergurte. Die Füllstäbe sind ebenfalls rot.

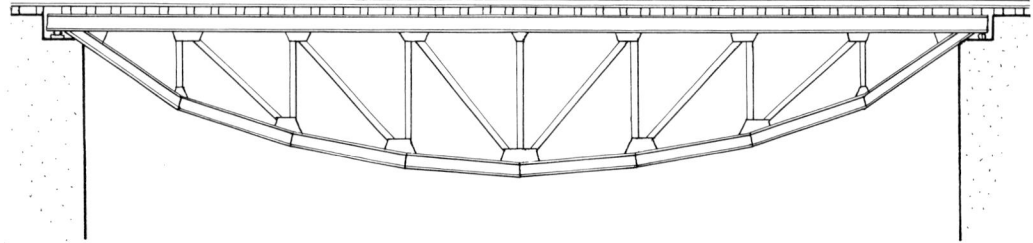

Wo keine Einschränkung des darunterliegenden Verkehrsweges zu befürchten war, baute man früher oft Brücken mit sog. »Fischbauchträgern«. Konstruktiv sind dies jedoch keine Stabbögen, da die Nietverbindungen biegesteife Anschlüsse ausschließen. Vielmehr dient der Bogen als Unterspannung des geraden Hauptträgers. Zu beachten ist, daß die Stäbe zwischen den Knoten gerade sind. Man spricht hier von einem polygonen (vieleckigen) Verlauf des Bogens.

Pylonen in verschiedenen Höhen. Diese Konstruktion wird »Zügelgurtbrücke« genannt.

Insgesamt sind solche seilverspannten Brücken für Eisenbahnen kaum geeignet, da ihnen die notwendige Steifigkeit fehlt. Durch das Spiel zwischen dem konischen Rad des Eisenbahnfahrzeuges und dem Schienenkopf entsteht ein Lauf mit wechselseitigem Anprallen der Spurkränze an die Schienen. Dieser Sinuslauf sowie Brems- und Anfahrvorgänge auf der Brücke würden das Tragwerk in unkontrollierte Schwingungen versetzen.

Rahmen

Auch der Rahmen ist aus dem einfachen Balken hervorgegangen. Knickt man diesen nämlich rechts und links ab, kann er wie ein Träger auf zwei Stützen, jedoch nur mit der nun gültigen, realen Stützweite berechnet werden. Geringe Bauhöhen sind die Folge, weshalb solche Konstruktionen meistens bei Unterführungen zu finden sind.

1.2.1 Massivbrücken

Massivbrücken bestehen aus Steinen, Stampfbeton oder Stahlbeton.

Steine sind – neben Holz – die ältesten Baustoffe zur Errichtung von Brücken. Dabei wurden die in unmittelbarer Nähe der Brückenbaustelle anstehenden Gesteinsarten gebrochen und eingebaut. So sind besonders im Gebirge einzigartige Brückenbauwerke aus Basalt, Granit, Gneis und anderen Materialien zu finden. Wegen des stark durchschnittenen Geländes und der erforderlichen großen Stützhöhen nannte man diese Bauwerke vielfach Viadukte, wobei dieser Name nichts anderes ist als die Umschreibung für

Ein besonders schönes Exemplar einer Natursteinkonstruktion ist diese Segmentbogenbrücke. An die relativ kleine Brückenöffnung schließen sich zwei lange, schräge Flügelmauern an, deren rechte in einer halbhohen Stützmauer weitergeführt wird. Diese Bauweise wird als »Bruchsteinmauerwerk« bezeichnet, das häufig auch als Trockenmauer ausgeführt wird.

1.2 Übliche Brückenbauarten und Systeme

Dort wo keine natürlichen Felsvorkommen zum Bau von Steinbrücken zur Verfügung standen, mußten gebrannte Ziegel als Baustoff dienen. Wegen des hohen Damms ist die relativ kleine Brückenöffnung mit zwei großen parallelen Flügelmauern versehen. Gut zu erkennen: Jeder Bogen hat eine Leibung und jede Mauer einen Sims (oberer Bauwerksabschluß).

»Wegüberführung«. (Lat.: »via« = Weg, »ducere« = führen). »Talbrücke« ist eine heute übliche Bezeichnung. Dort wo keine abbaubaren Gesteine vorhanden waren, mußte man gebrannte Ziegel verwenden. So findet man große Brückenbauwerke aus diesem Baustoff vornehmlich an den Ausläufern der Mittelgebirge und im Flachland. Da Baukonstruktionen aus (natürlichen oder künstlichen) Steinen nur Druckkräfte aufnehmen können, wirken ihre Schäfte massiv und gedrungen. Die Spannweiten von Gewölbeöffnungen sind begrenzt, da der Kräfteverlauf aus der Fahrbahn ja nur in lotrechte Lasten aufgegliedert werden konnte.

Mit der Entwicklung des *Betons* als Baustoff entstanden zuerst Betonbrücken aus Stampf- (unbewehrten) Beton. Dieses Gemisch aus Zement, Kies und Wasser ist fast genauso tragfähig wie natürliches Gestein, jedoch wesentlich billiger. Aufwendig ist nur die Herstellung der Schalungsform, in die der Beton bis zum Abbinden gegossen wird. Allerdings genügte in vielen Fällen das äußere Bild des Bauwerks nach dem Ausschalen nicht den ästhetischen Ansprüchen seiner Erbauer, weshalb man die Sichtflächen häufig mit Natursteinen verblendet hat. Regelmäßiges und unregelmäßiges Schichtmauerwerk sowie Quadermauerwerk sind die am häufigsten anzutreffenden Formen.

Das Einlegen von Stählen (Moniereisen) in die Zugbereiche von Betonbalken verbessert wesentlich deren Tragfähigkeit. So wurden Bauteile aus Stahlbeton auch schon frühzeitig im Brückenbau verwendet. Dabei eignen sich solche Bauteile besonders gut für Stützweiten zwischen 10 und 30 m, bei geschwungenem oder mit Vouten versehenem Untergurt sogar bis zu 60 m. Auch für die Gestaltung der Sichtflächen mußte nun etwas getan werden. Rauhverputzte Flächen mit bossierten oder scharierten Kanten und Simsen bestimmen heute das Bild dieser Bauwerke. Außerdem ist die Unempfindlichkeit der Betonkonstruktionen gegen aggressive Umwelteinflüsse ein entscheidender Grund für ihren Einsatz beim Bau von Brücken.

Konstruktiv eröffnete schließlich die Entwicklung des *Spannbetons* völlig neue Möglichkeiten im Brückenbau. Dabei bestehen die Stahleinlagen im Beton aus hochfesten Stahlsaiten, die in Kanälen innerhalb der Betonkonstruktion geführt werden. Nach dem Beginn des Abbindens des Betons werden die Saiten unter hohem Druck vorgespannt und in ihren Kanälen mit Mörtel verpreßt. Die so entstandene Vorspannung im Beton ermöglicht die Herstellung dünner Bauteile von hoher Tragfähigkeit, da die auftretenden Zugspannungen ausschließlich von den Stahleinlagen und die Druckkräfte von hochfestem Beton aufgenommen werden.

Fahrbahnwannen aus Stahl- oder Spannbeton werden heute auch häufig bei der Rekonstruktion historisch wertvoller Massivbrücken eingebaut. Da diese alten Bauwerke infolge des Verschleißes und der Erhöhung der Verkehrslasten vielfach

Moderne Stahlbeton- oder Spannbetonbrücken zeichnen sich durch klare Konstruktionsformen aus. Hier besteht das Tragwerk häufig aus Spannbetonbalken, die als Fertigteile im Betonwerk vorgefertigt werden. Die weit im Kammermauerwerk liegenden Lager (Gleitplatten- oder Gummitopflager) bezeichnet man als »verlorene Lager«. Das Geländer besteht aus Stahlrohren.

den modernen Ansprüchen nicht mehr genügen, übernehmen besagte Fahrbahnwannen annähernd die gesamte Verkehrsbelastung, während das äußere Bild der Brücke unverändert bleibt.

1.2.2 Stählerne Brücken

Das, was speziell bei älteren Massivbrücken aus einem Guß und voneinander untrennbar errichtet wurde, der Brückenüberbau und die Stützkonstruktionen, wurde beim Stahlbrückenbau bereits frühzeitig getrennt: Die Überbauten bestehen aus Stahl, die Unterstützungen in der Regel aus massiven Baumaterialien, z.B. Stein oder Spannbeton. Wenn also im nachfolgenden von stählernen Brücken die Rede ist, sind ausschließlich Brückenüberbauten aus Stahl gemeint. Diese sind in ihrem Ursprung auf Träger aus Fluß- oder Walzstahl zurückzuführen. Dabei hatte man schon zeitig erkannt, daß der Doppel-T-Querschnitt optimale Trageigenschaften zeigt: Der massenintensive obere Flansch nimmt die bei der Durchbiegung entstehenden Druckkräfte auf, der untere Flansch die Zugkräfte. Auch wenn diese beiden Beanspruchungen nicht immer gleich groß sind, stellt man aus fertigungstechnischen Gründen die Träger symmetrisch her. Früher konnte man nur Platten (Bleche) und Winkel gießen bzw. walzen. Also wurden damals die Doppel-T-Träger aus Winkeln und Blechen zusammengenietet. Zur Erhöhung der Biegefestigkeit und damit der Tragfähigkeit wurden oftmals Lamellen in einer oder mehreren Lagen in der Trägermitte aufgenietet. Später konnten allerdings Doppel-T-Träger bis zu 1000 mm Höhe gewalzt werden. Da aber die Tragfähigkeit eines Balkens nach der Formel

$$W = \frac{b \cdot h^2}{6}$$

(W = Widerstandsmoment in cm³, B = Balkenbreite in cm, h = Balkenhöhe in cm) in hohem Maße (2. Potenz) von seiner Höhe abhängig ist, mußte

1.2 Übliche Brückenbauarten und Systeme

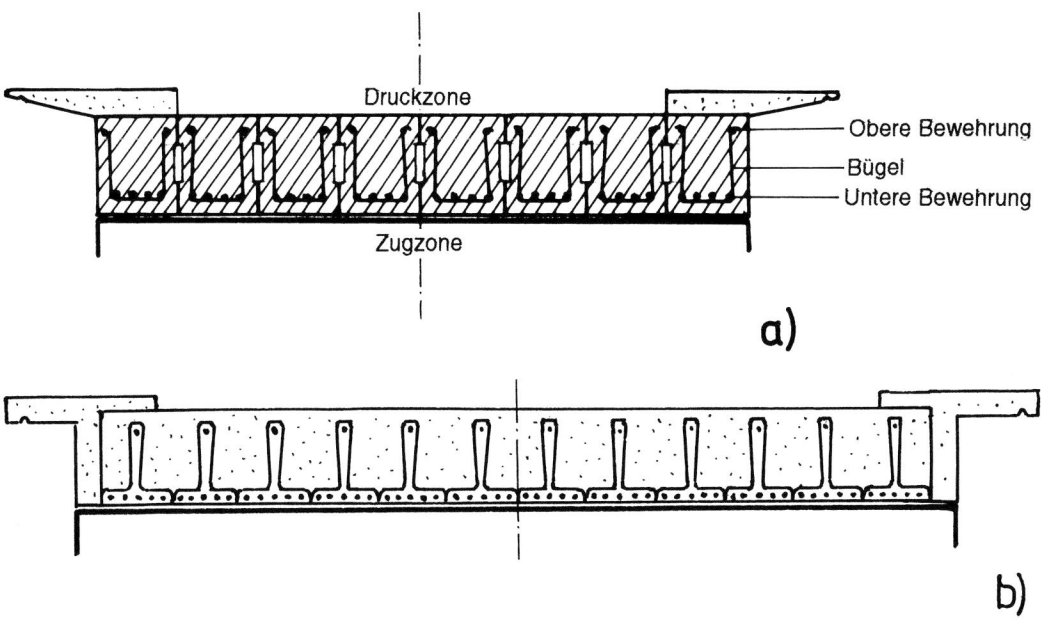

Die Stahlbeton-Konstruktion (a) besteht im wesentlichen aus vielen Bewehrungsstählen im »Zugbereich« (untere Querschnittsebene) und wenige solcher Stähle im »Druckbereich« (oberes Querschnittsdrittel). Dazwischen liegen Bügel, die die Schubspannungen zwischen den beiden Ebenen aufnehmen sollen.
Wichtigste Elemente der Spannbeton-Konstruktion (b) sind T-förmige Fertigträger aus Spannbeton, die dicht verlegt werden. Die Zwischenräume werden mit Ortbeton ausgefüllt. Auch die oberen Randabschlüsse (Konsolen) sind Fertigteile.

diese entscheidend vergrößert werden, wollte man die Tragfähigkeit bzw. die Stützweite erhöhen. Das Resultat wären Vollwandträger mit drei und vier Meter hohen Stegblechen. Abgesehen von der schlechten optischen Wirkung sind sie viel zu schwer und äußerst instabil, weil die großen, dünnen Stegflächen stark zum Ausbeulen neigen. Also mußten diese Flächen aufgelöst werden. Das Ergebnis sind Fachwerkträger mit Systemhöhen (Abstand zwischen Unter- und

Hauptverbindungsmittel früherer Stahlkonstruktionen (Epoche II bis IV) waren die Niete. Moderne Konstruktionen werden geschweißt oder hochfest verschraubt. Wegen der großen Systemhöhe der Vollwandträger im Bild wurden Beulsteifen (Winkel oder Doppelwinkel) auf die Stegbleche genietet. Die Gehwegkonstruktion wurde an den Brückenbalken (Holzschwellen) befestigt.

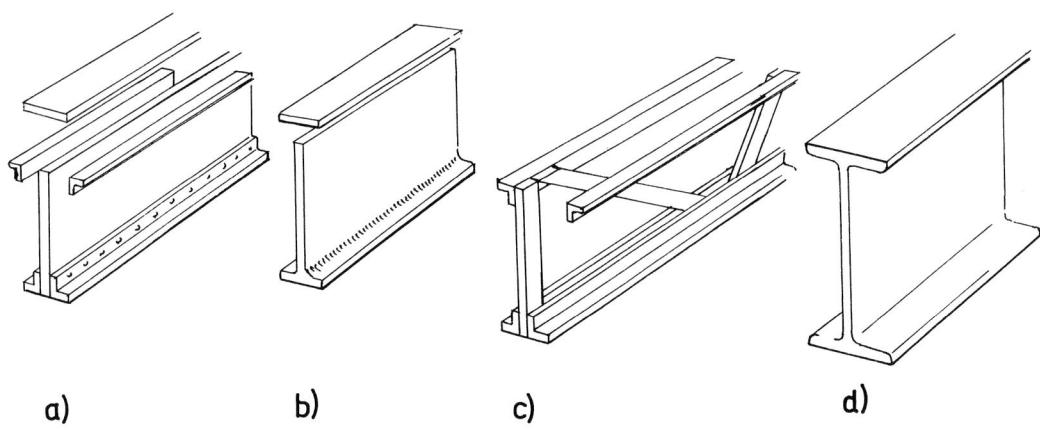

a)   b)   c)   d)

Metamorphose des Doppel-T-Trägers: Da bis in die 30er Jahre dieses Jahrhunderts (Epoche III) hohe Doppel-T-Träger nicht gewalzt werden konnten, mußten diese aus Profilen zusammengenietet werden, die zur Verfügung standen: Winkel und Flacheisen (a). Mit Vervollkommnung der Schweißtechnik wurden Träger zunehmend geschweißt (b). Wo die Tragfähigkeitsansprüche gering waren, konnten sie fachwerkartig aufgelöst werden (c).
Heute werden Träger bis zu einer Trägerhöhe von 1200 mm gewalzt, bei größeren Höhen automatisch geschweißt (d).

Obergurt) bis zu sechs Metern, deren Größe das Widerstandsmoment entscheidend beeinflussen. Auch parabelförmig gekrümmte Obergurte sind nicht selten. Da man erst seit etwa 40 Jahren stetig gekrümmte Obergurte als Hohlkästen herstellen kann, sind diese bei alten Brücken von Pfosten zu Pfosten als polygonartig gekrümmter Trägerverlauf ausgebildet.

Vielfältig sind beim Fachwerkträger auch die Formen der Ausfachungen. Das reicht vom schlichten Pfostenfachwerk mit steigenden und fallenden Diagonalen bis hin zum aufwendigen Rautenfachwerk. Die Hauptverbindungsmittel im Fachwerkbau sind Niete. Das gilt generell für alle Fachwerke, die bis in die 70er Jahre hinein errichtet wurden. Erst danach setzte sich auch hier die Schweißtechnik durch. Nietverbindungen sind nicht nur zuverlässig, sie schaffen auch eine bestimmte Flexibilität im Bauwerk, die die unterschiedlichen Spannungen in den vielen verschiedenen Bauteilen ausgleicht. Auch hochfest

Die Zahl der Niete in einem Fachwerkknoten ist beträchtlich. Neben dem Anschluß des Pfostens und der beiden Diagonalen an den Untergurt, nehmen die Knotenbleche hier noch den Querträger und die Aussteifungsknagge (Winkel) auf.

1.2 Übliche Brückenbauarten und Systeme

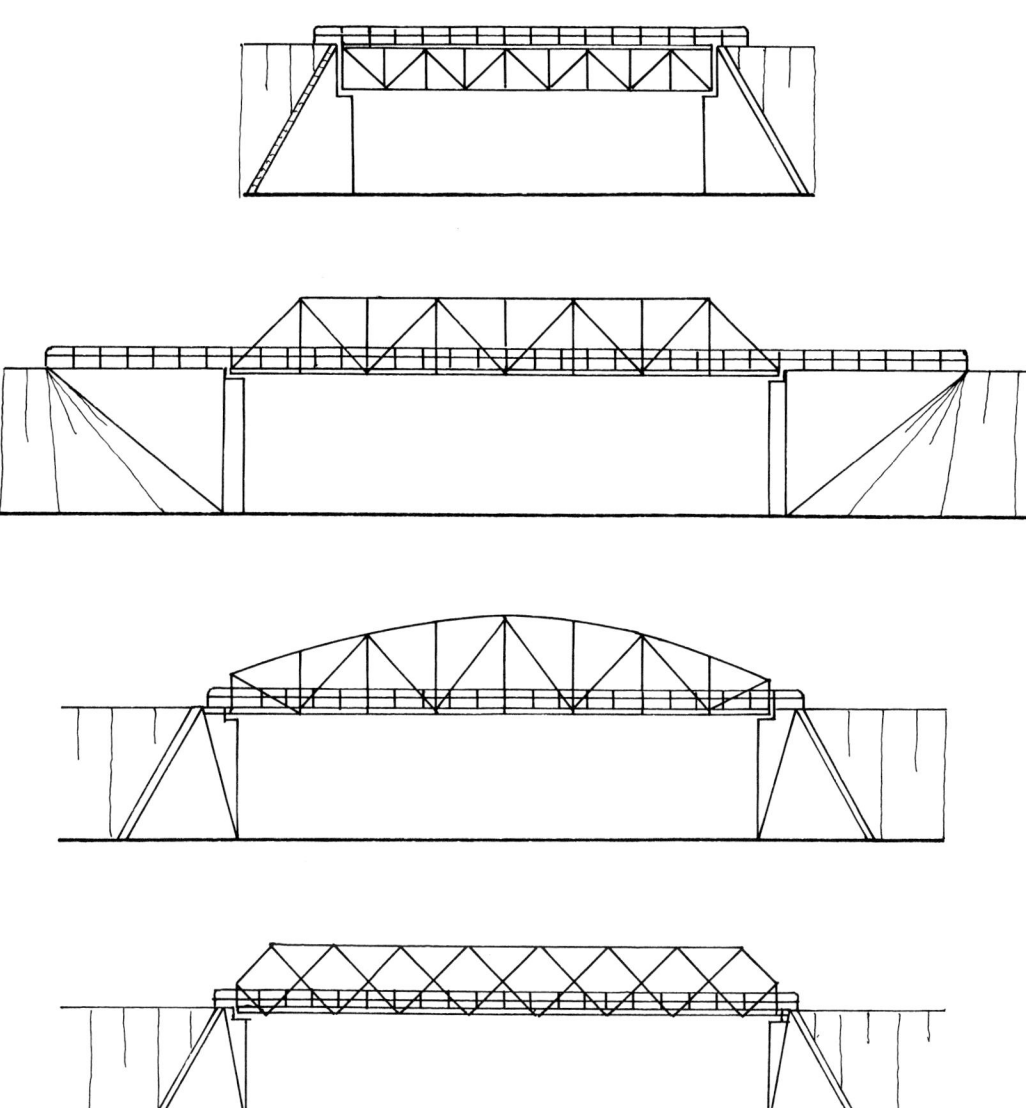

vorgespannte Schrauben oder Paßschrauben wurden in gleicher Weise als Verbindungsmittel eingesetzt. In jedem Fall erfordern diese Verbindungsmittel den Einsatz von Knotenblechen und Laschen. Es gehört zu den Ausnahmen im Stahlbau, wenn Bauteile unmittelbar miteinander vernietet oder verschraubt werden.

Mit der Entwicklung der modernen Schweißtechnik seit Mitte der 60er Jahre (UP-Schweißen, CO_2-Schweißen, Schweißautomation) wurden auch völlig neue Konstruktionen im Stahlbau

Die Vielzahl der Fachwerke ist wesentlich größer, als die im Bild gezeigte kleine Auswahl: Balkenbrücke mit obenliegender Fahrbahn als Pfostenfachwerk mit steigenden und fallenden Diagonalen (oben), Trapezträger (untenliegende Fahrbahn), ebenfalls als Pfostenfachwerk mit steigenden und fallenden Diagonalen (darunter), Halbparabelträger (untenliegende Fahrbahn) als Pfostenfachwerk mit steigenden und fallenden Diagonalen (darunter) und Halbtrapezträger (untenliegende Fahrbahn) mit Rautenfachwerk (unten).

möglich. Eines dieser modernen Bauelemente ist der Hohlkastenträger. Hohe Biegesteifigkeit, geringe Masse sowie glatte und somit wartungs-

freundliche Außenflächen sind nur einige Vorteile dieser Konstruktionen. Damit wurde auch der Bau von gekrümmten Hauptträgern möglich. Die bis dahin verwendeten Doppel-T-Träger konnten nicht gekrümmt werden, so daß bei Brückenbauwerken im Bogen die Überbauten polygonzugförmig als Sekanten unter dem Gleisbogen verlegt werden mußten.

Gekrümmte Brücken sind selten. Sie können nur als geschweißte Hohlkastenkonstruktionen ausgeführt werden. Ansonsten müssen Gleise im Bogen auf polygonartig montierten geraden Tragwerken verlegt werden. Die zentrale Mittelunterstützung gestattet die Aufnahme nicht nur der Stütz- sondern auch der Fliehkräfte.

1.3 Überbauquerschnitte

Aus dem Querschnitt eines Brückenüberbaus lassen sich am besten der Verlauf und die Dimensionen der Kräfte im Tragwerk nachvollziehen. Für den Modelleisenbahner ist die Kenntnis dieser Details besonders wichtig, um glaubwürdige und vorbildgetreue Brücken auf seiner Anlage darstellen zu können.

Grundsätzlich sollte man bei dieser Betrachtung von der Prämisse ausgehen, daß sich ein solches Bauwerk infolge der Belastung durchbiegt: Massive Überbauten wegen der geringen Elastizität der Baustoffe weniger, stählerne Überbauten mehr. Somit treten im unteren Querschnittsbereich vorwiegend Zugspannungen auf, im oberen hingegen Druckspannungen. Dem müssen auch die Konstruktionsformen Rechnung tragen: Ein dünnes Blech vermag kaum Druckspannungen zu ertragen, Beton keine Zugspannungen. Hinzu kommt, daß bei sehr langen Brücken gesonderte Gehwege und Austrittsnischen angebracht werden müssen, um das gefahrlose Passieren der Brücke durch Bahnarbeiter zu ermöglichen.

1.3.1 Massivbrücken

Bei älteren Massivbrücken aus Stein oder Stampfbeton ist oftmals nicht zwischen Überbau und Stützkonstruktion zu unterscheiden. Grundsätzlich gilt für diese alten Bauwerke, daß das Schotterbett durchgehend angelegt ist. Das trifft übrigens auch auf moderne Massivbrücken zu. Dazu dient eine Wanne, in der das Gleis im Schotterbett liegt. Bei Brücken im Bogen wurde früher das Gleis an der Bogenaußenseite oft mit Schwellen gegen den Wannenrand abgestützt. Damit

1.3 Überbauquerschnitte

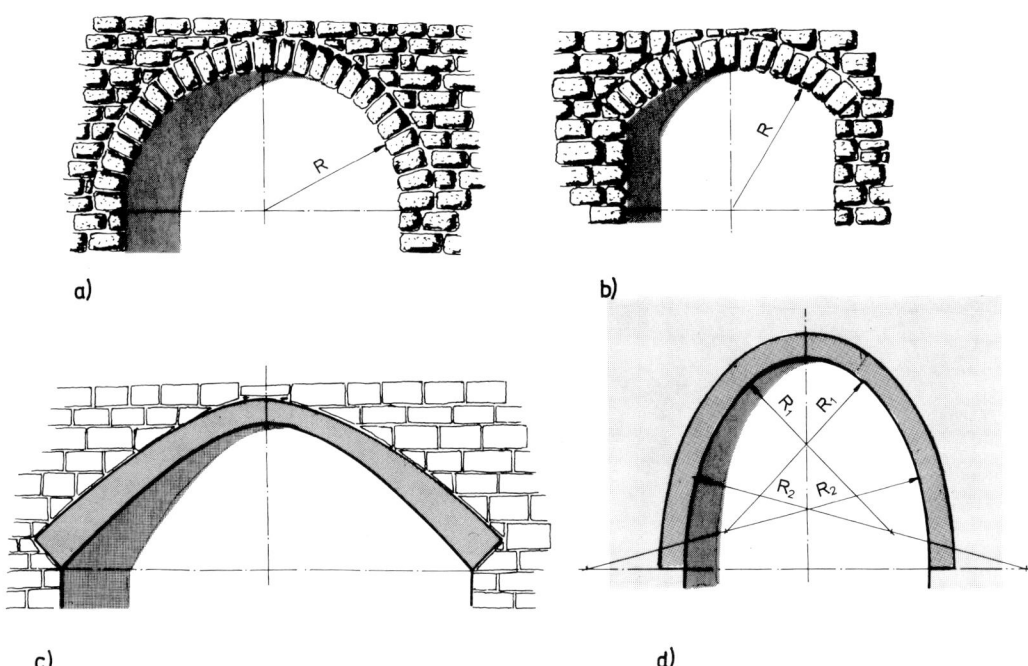

Der Bogen ist, festigkeitstheoretisch gesehen, die stabilste Tragkonstruktion. Nach der Form unterscheidet man u.a. in: Halbkreisbogen (a), Segmentbogen (b), Parabelbogen (c) und Korbbogen (d).

verhinderte man, daß das Gleis infolge der Fliehkräfte des Zuges nach außen »wanderte«, was Bogenverwerfungen und eine exzentrische Belastung der Brücke zur Folge gehabt hätte. Die Wanne besteht bei alten Brücken (etwa bis 1925) aus gemauertem Ziegelwerk, bei späteren Bauwerken aus Stampf- oder Stahlbeton. Da diese Konstruktionen entwässert werden müssen, sind entweder an der Brückenaußenseite (oftmals unmittelbar unter dem Sims) oder in der Mitte der Gewölbescheitel Rohraustritte zu erkennen, deren Umgebung meistens mit deutlichen Wasserspuren verunreinigt ist.

Die Bögen von Haupt- und Nebengewölben sind meistens halbkreis- oder segmentbogenförmig gekrümmt. Selten sind korbbogenartige Gewölbeformen. Sehr weit gespannte Bögen (etwa bei Viadukten) sind häufig parabelförmig gekrümmt. In jedem Fall ist der Bogen auch äußerlich als ein solches Konstruktionselement zu erkennen. Das geschieht entweder mit gemauerten Steinen oder einer sichtbaren Betonkonstruktion. Die Kämpferlinien (Übergang des Bogens in das tragende Mauerwerk) liegen immer rechtwinklig zur Tangente an den Bogenverlauf in diesem Punkt.

Die Begrenzungen der Fahrbahn (Geländer und Austritte) wurden früher mit gleichem Aufwand gestaltet wie die gesamte Brückenfassade. Gemauerte Pfeiler oder Bogenreihen aus Mauerwerk oder Sandstein waren keine Seltenheit. Und da die Brücken zu Zeiten der deutschen Kleinstaaterei oftmals hoheitliche Grenzen überquerten, machten Türme und Portale an den Brückenanfängen auf ihre Bedeutung aufmerksam. Diese Bauwerke waren nicht selten mit einem Wappen und der Jahreszahl der Brückeneröffnung geschmückt.

Bei modernen Massivbrücken aus Stahl- oder Spannbeton lassen die Querschnitte Rückschlüsse auf den Kräfteverlauf im Tragwerk zu. Sie werden häufig als Deck- oder Trogbrücken ausgeführt, Querschnitte mit untenliegender Fahrbahn sind im Massivbrückenbau nicht üblich. Für Überquerungen mit geringer Stützweite werden oftmals Verbundbrücken errichtet. Dabei übernimmt der Beton im oberen Querschnittsbereich die Druckkräfte, die Stahlträger im unteren die Zugkräfte. Moderne Konstruktionen derartiger Brücken lassen eine Trennung zwi-

Reiche Verzierungen zeichnen viele Brücken, die in der Gründerzeit gebaut wurden, aus. Berlins schönste Brücke ist seit kurzer Zeit die Oberbaumbrücke mit aufwendig rekonstruierten Zinnen, Türmchen und Arkaden.

bahnbrückenbau eingesetzt. Für die Überwindung sehr großer Stützweiten (600 - 800 m) verwendet man heute im Straßenbrückenbau Spannbetonkonstruktionen in Form von mehrzelligen Hohlkastenquerschnitten oder dünnschaligen Parabelbogenscheiben mit aufgeständerten Fahrbahnen. Im Eisenbahnbrückenbau sind solche Stützweiten ausschließlich modernen Stahlkonstruktionen vorbehalten.

1.3.2 Stahlbrücken

Querschnitte von Stahlbrücken sind konstruktiv wesentlich stärker gegliedert als die von Massivbrücken. Für den Modellbauer bieten sich wegen dieser Besonderheit viele interessante Möglichkeiten bei der Nachbildung. Das Tragwerk von Stahlbrücken besteht grundsätzlich aus Hauptträgern, die entweder als Vollwandträger, Fachwerkträger oder Hohlkastenkonstruktion ausgebildet sind. Eine der modernsten Tragwerkskonstruktionen ist die orthotrope Platte.

schen Stahl- und Betonkonstruktion erkennen. Die schubfeste Verbindung zwischen Fahrbahnplatte und Stahlträgern geschieht hier mit Ankern aus hochbelastbarem Stahl. Straßenbrücken aus Stahlbeton werden oft als Plattenbalken ausgeführt. Dabei übernehmen die im Zugbereich mit viel Stahl angereicherten Balken die Zugspannungen, während die Platte die Druckkräfte aufnimmt. Solche Brücken sind besonders als monolithische Bauwerke (monolithisch = »aus einem Stück«) in der Epoche III zu finden. Moderne Straßenbrücken aus Stahl- oder Spannbeton bestehen vielfach aus Balken-, Kasten- oder Trägerreihen. Das sind Fertigteilkonstruktionen aus schlaff (keine Vorspannung der Stähle) bewehrtem oder Spannbeton in Form von Rechteckbalken, T-Querschnitten oder Hohlkästen, die quer zur Brückenachse in Reihe verlegt werden. Besonders geformte Randträger bilden die Gehwegkonsolen oder seitlichen Brückenabschlüsse. Mit solchen Konstruktionen werden Stützweiten bis zu 45 m überbrückt. Für kleine Stützweiten werden diese Konstruktionen auch im Eisen-

Die Fahrbahn liegt bei Stahlbrücken entweder über dem Tragwerk (Deckbrücken), zwischen dem Tragwerk (Trogbrücken) oder unter dem Tragwerk (Fachwerkbrücken). Der Kräfteverlauf ist in der Regel leicht zu erkennen: Über die Brückenbalken (Schwellen) oder das Schotterbett bei durchgehenden Fahrbahnen werden die Verkehrslasten weiter über Fahrbahnlängsträger und Querträger in die Hauptträger geleitet. Diese haben schließlich die Aufgabe, die Lasten über die Auflager (festes und bewegliches Widerlager) in den tragfähigen Baugrund abzuleiten. Dieser Aufbau, Längsträger–Querträger–Hauptträger, gilt generell für die grundsätzliche Gestaltung von stählernen Brückenbauwerken, auch wenn Blechwannen für ein durchgehendes Schotterbett zusätzlich angeordnet werden.
Selbst die bereits genannte orthotrope Platte folgt diesem Grundaufbau. Während bei den traditionellen Brückenquerschnitten die Fahrbahnlängsträger (Trägerhöhe etwa 300 bis 400 mm) aus Doppel-T-Querschnitten bestehen und für jede Fahrbahn nur paarweise angeordnet werden, sind

1.3 Überbauquerschnitte

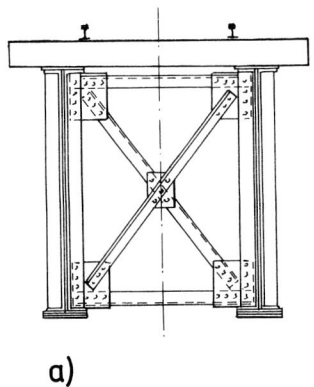

a)

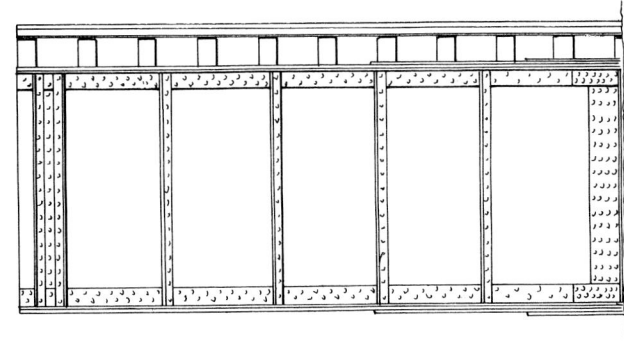

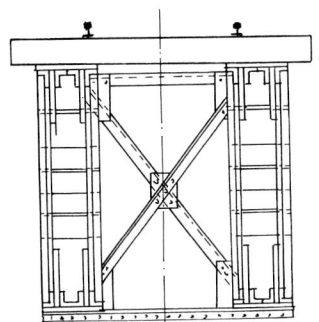

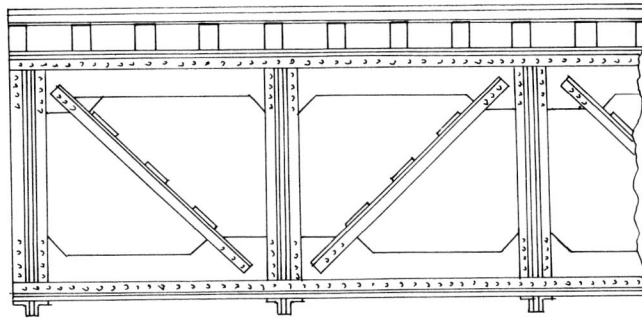

Zwei Stahlbrückenkonstruktionen mit obenliegender Fahrbahn. Bemerkenswert sind die relativ eng liegenden Beulsteifen an dem vollwandigen, genieteten Blechträger (a) und die Blechverstärkungen in Trägermitte. Die Gurte des Fachwerkträgers (b) bestehen aus ausgeklinkten Stahlblechen.

diese bei Plattenkonstruktionen (hier heißen sie »Längsrippen«) mehrfach (Trägerabstand etwa 600 mm) angeordnet und können aus sehr unterschiedlichen Querschnitten bestehen: Einfache Stege, umgekehrte T-Profile, Halbrund- und Hutprofile. Auch die Querträger, die beim herkömmlichen Querschnitt aus etwa 600 bis 1000 mm hohen Doppel-T-Trägern bestehen und Abstände untereinander von 3000 bis 4000 mm haben (bei Fachwerkbrücken mit der Feldweite übereinstimmend), sind bei der Platte (hier »Querrippen«) wesentlich enger verlegt und bestehen aus ähnlichen Querschnitten wie die der Längsrippen. Am Ende wird dieser Rippenrost mit Stahlblechen, die die Fahrbahn bilden, verschweißt. Da dieser Schweißvorgang wegen der Vielzahl der Schweißnähte und der komplizierten Spannungsverhältnisse während des Schweißens nur von Automaten bzw. Robotern erledigt werden kann, konnte diese Konstruktion erst in den letzten 25 Jahren eingesetzt werden. Außerdem ist die Berechnung eines solchen Tragwerks (...zig fach statisch unbestimmt) wirtschaftlich nur mit moderner Rechentechnik möglich.

Als entscheidende Vorteile sind die geringen Bauhöhen (wichtig für Kreuzungsbauwerke), die hohe Biegesteifigkeit und die geringe Masse zu nennen. Das Wortteil »ortho« in der Bezeichnung hat seinen Ursprung in dem Adjektiv »orthogonal« (gr. = rechtwinklig), was die Lage der Rippen zueinander charakterisiert, während der Wortteil »trop« von »isotrop« bzw. »anisotrop« kommt,

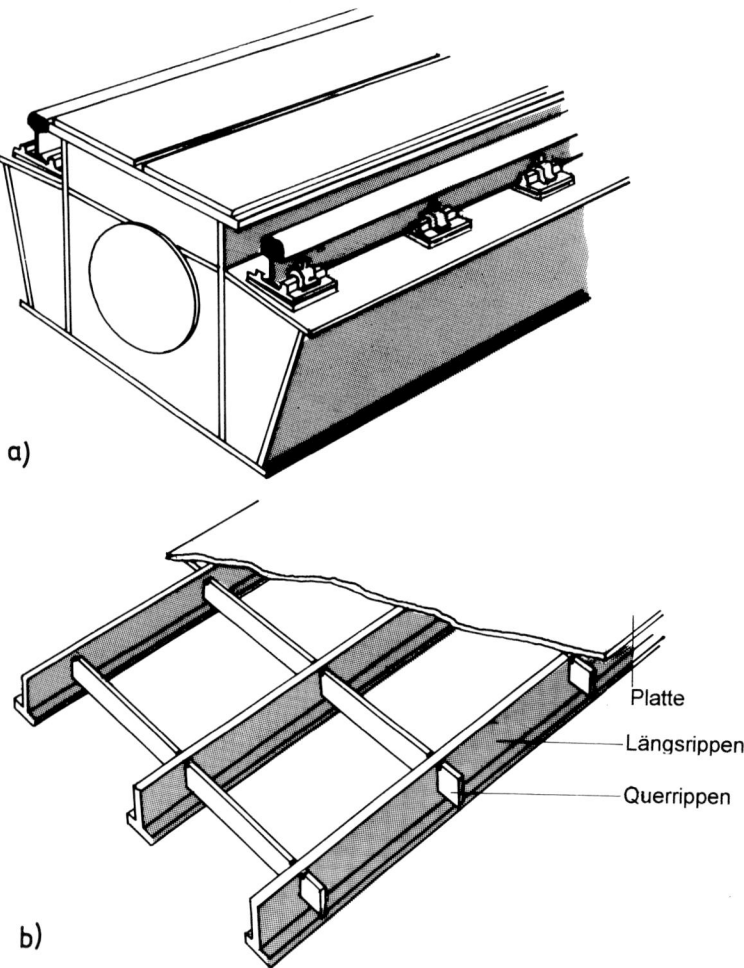

Zu den modernen Brückenkonstruktionen zählen Hohlkasten (a) und orthotrope Platte (b). Charakteristisch für Hohlkastenbrücken ist der abgeschossene Kasteninnenraum und die schwellenlose Gleiskonstruktion. Die orthotrope Platte besteht im wesentlichen aus Längs- und Querrippen, die miteinander und mit der Blechtafel verschweißt sind.

was soviel wie »nach allen Seiten gleiches« oder »ungleiches Tragverhalten zeigend« (wenn die Rippen alle gleichförmig und gleiche Abstände haben oder wenn sie unterschiedlich in der Form und im Abstand sind) bedeutet. Brücken sind grundsätzlich anisotrop, denn ihr gewünschtes Tragverhalten (geringe Breite, große Länge) ist eindeutig definiert. Das Gleis wird bei solchen Brücken im durchgehenden Schotterbett oder als schwellenloses Gleis (siehe Band 2 »Gleisbau auf Modellbahnanlagen« der Reihe »Modellbahn-Werkstatt«) ausgeführt.

Verbände tragen zur Stabilisierung des stählernen Brückenquerschnitts bei. Hierzu zählen Quer-, Wind-, Brems- und Schlingerverbände.

Querverbände dienen der Aussteifung zwischen den Trägern bei Tragwerken mit obenliegender Fahrbahn. Sie bestehen bei fest verspannten Querschnitten (geschweißt oder genietet) aus Winkel- oder U-Profilen mit Schenkellängen um 80 mm. Bei Behelfsbrücken, bei denen das Tragwerk nicht dauerhaft, sondern lösbar (mit Spannspindeln) verbunden ist, bestehen die Querverbände aus Kanthölzern, die häufig aus alten Schwellen gewonnen werden.

Windverbände bestehen aus leichten Profilen (Winkel- oder U-Stähle) und dienen der »Verwindungssteifigkeit« des Brückentragwerks. Sie haben also nichts mit den die Brücke belastenden klimatischen Einflüssen wie Wind oder Sturm zu tun. Sie liegen an den äußeren Grenzen des Tragwerks, also in Höhe der Untergurte und/oder

1.3 Überbauquerschnitte

Eine gut gelungene Nachbildung einer orthotropen Platte im Modell findet man bei der Firma Kibri. Während die Rand-Längsrippen in voller Trägerhöhe ausgebildet wurden, sind die übrigen Quer- und Längsrippen vorbildgetreu in unterschiedlicher Form dargestellt.

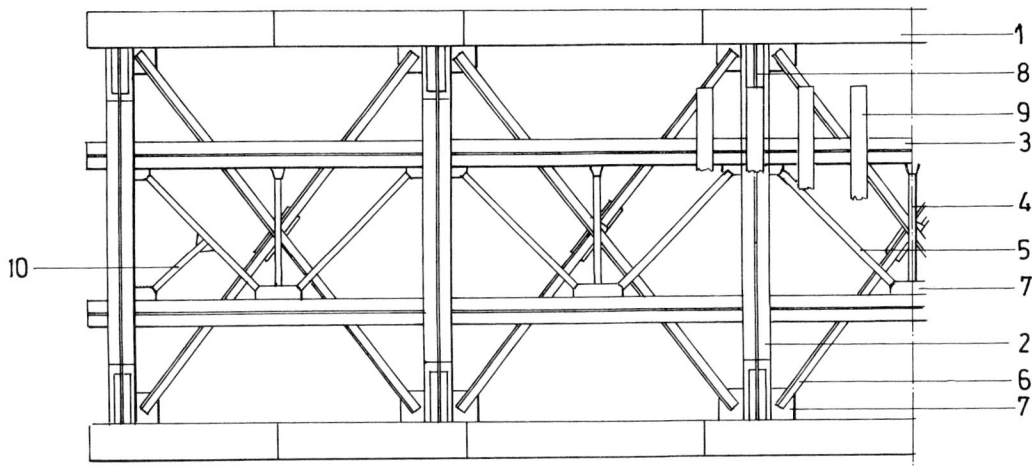

bei hohen Fachwerken in Höhe der Obergurte.

Schlingerverbände sollen die schädliche Wirkung des Sinuslaufes der Eisenbahnfahrzeuge auf das Tragwerk mindern. Sie liegen deshalb in der Höhe, in der sie auftreten, nämlich zwischen den Fahrbahnlängsträgern. Auch sie bestehen aus leichten Trägerquerschnitten (Winkel- oder U-Profile).

In gleicher Höhe wie die Schlingerverbände liegen die *Bremsverbände*. Sie bestehen aus schubfest miteinander verbundenen Trägern (ähnlich den Wind- und Schlingerverbänden), die meistens als Dreieckskonstruktion an den Endquerträgern (in

Das Trägerwerk und die Verbände einer Fachwerkbrücke sind aufwendig. Die Hauptträger (1) werden durch die Querträger (2) miteinander verbunden. Zwischen diesen liegen die Fahrbahnträger (3) auf denen die Brückenbalken der Fahrbahn (9) befestigt sind. Zwischen den Fahrbahnträgern befindet sich der Schlinger- (4 + 5) und Bremsverband (10). In der untersten Ebene des Fachwerks (Unterkante des Untergurts) befindet sich der Windverband (6). Alle Verbindungen und Anschlüsse erfolgen durch Knotenbleche (7). Zur Stabilisierung des Anschlusses Haupt- und Querträger werden Aussteifungsdreiecke (Knaggen) (8) eingebaut.

unmittelbarer Nähe der Lager) angeordnet werden. Sie sollen verhindern, daß horizontale (Brems-) Kräfte in Brückenlängsrichtung die Konstruktion parallelogrammartig verschieben.

Stützwinkel (Knaggen) werden vielfach über den Querträgern angeordnet und sollen die Übertragung der Anschlußkräfte zwischen Quer- und Hauptträger verbessern.

Grundsätzlich gilt für alle Stahlkonstruktionen: Kein Tragteil ist stumpf mit einem anderen verbunden! Alle Anschlüsse erfolgen immer über Knotenbleche oder Flachlaschen! Zwei Gleise auf einer Stahlbrücke sind sehr selten! Fast immer wird für jedes Gleis ein eigener Überbau errichtet.

1.4 Stützungen und Widerlager

Alle den Brückenüberbau beeinflussenden Kräfte (in der Hauptsache Verkehrs- und Eigenlasten) müssen über die Zwischen- (Pfeiler und Stützjoche) und die Endauflager (Widerlager) in den tragfähigen Baugrund übertragen werden.

Endauflager sind so ausgebildet, daß sie alle lotrecht und waagerecht wirkenden Lasten (feste Widerlager) oder nur waagerecht wirkende Lasten (bewegliche Widerlager) aufzunehmen im Stande sind. Die bekanntesten Konstruktionsformen für bewegliche Widerlager von Stahlbrücken sind Rollenlager oder Pendellager. Feste Widerlager werden oft als Bocklager ausgebildet. Da sich massive Brücken infolge dynamischer und thermischer Belastungen wesentlich geringer bewegen als stählerne, werden hier die Unterschiede in den Lagerkonstruktionen meistens vernachlässigt. Häufig anzutreffende Formen der Auflagerung von älteren Massivbrücken (bis Epoche IV) waren Sollbruchstellen mit x-förmiger Bewehrung und elastischer Platte. Moderne Lager im Massivbrückenbau bestehen aus ineinander stehenden Stahltöpfen (daher »Topflager«), deren Zwischenräume durch Gummimanschetten ausgefüllt sind.

Da auf *Zwischenunterstützungen* häufig nur eine bewegliche Lagerung der Brückenüberbauten vorgenommen wird (siehe »Durchlaufträger«), können diese schlank und ohne die Notwendigkeit der Aufnahme von horizontal wirkenden Kräften ausgeführt werden. Meistens wirken solche Konstruktionen als Pendelstützen. Ist jedoch die Aufnahme auch horizontaler Lasten erforderlich, müssen die Zwischenunterstützungen biegesteif ausgeführt werden, was meistens in Form von massiven Pfeilern geschieht. Gemauerte Pfeiler findet man unter großen Brücken aus den Epochen I bis III, aus Beton gegossene in den folgenden Zeitabschnitten.

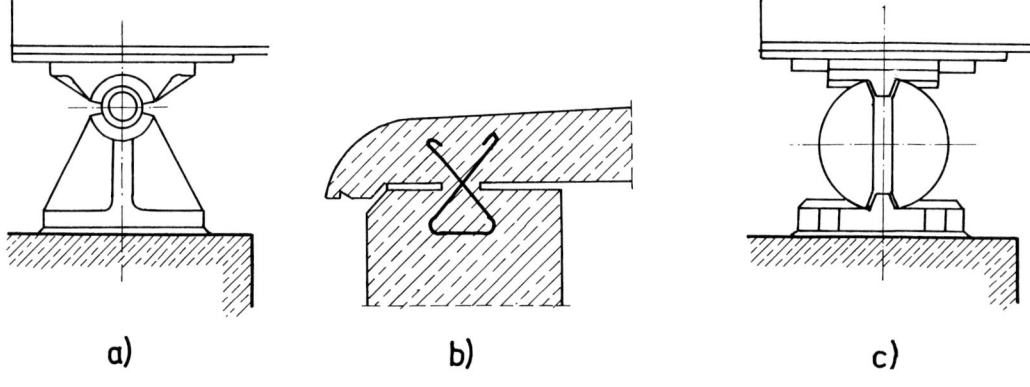

Lagerkonstruktionen von Stahl- und Massivbrücken. Das feste Lager (a)) nimmt vertikale und horizontale Kräfte auf. Das bewegliche Lager (c)) kann nur vertikale Kräfte aufnehmen. Indifferent ist hingegen das Lager einer Massivbrücke (b)). Da die horizontalen und Biegekräfte sehr gering sind, genügt eine Sollbruchstelle, die durch eine Kreuzbewehrung gesichert ist.

Die beweglichen Lager zweier stählerner Brückenüberbauten: An der Stellung der Rollenmarkierungen ist deutlich deren starke beiderseitige Ausdehnung erkennbar.

Moderne Stahlbeton- oder Spannbetonüberbauten werden durch einzelne Säulen gestützt. Die Übertragung der Stützkräfte erfolgt durch Flächen- (Stahlplatte - Stahlplatte) oder Gummitopflager.

1.5 Sonderformen und Sonderbauarten

Mit den Begriffen »Sonderformen und Sonderbauarten« soll auf von der Regel abweichende Brückenkonstruktionen hingewiesen werden. Das sind

1. Bewegliche Brücken, deren thematische Gliederung bereits unter 1 genannt wurde und

2. Behelfsbrücken, die nur für eine begrenzte Nutzungsdauer aufgebaut werden. Man bezeichnet sie deshalb auch als »temporäre« Brücken.

Bewegliche Brücken sind sehr selten und wegen der komplizierten und aufwendigen Kinematik sehr unterhaltungsaufwendig. Bei diesen Konstruktionen überwiegen die Klappbrücken, die zumeist über Zufahrten zu Hafenanlagen angelegt werden, um hochseefähigen Schiffen die ungehinderte Passage zu gestatten. Grundsätzliche Konstruktionen sind die mit Waagebalken und Gegengewicht (z.B. Rügendammbrücke über den Strelasund) oder Rollklappbrücken

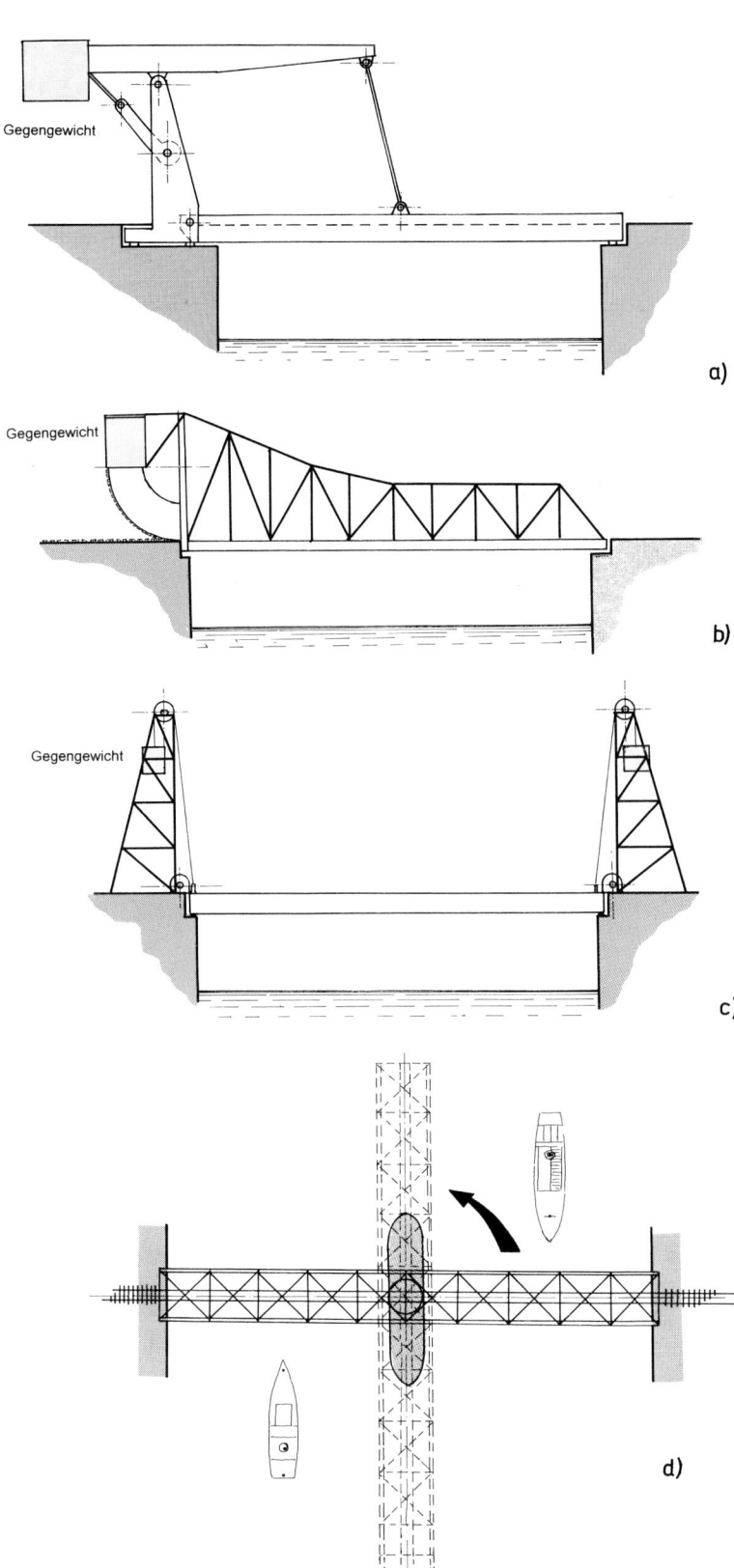

1.5 Sonderformen und Sonderbauarten

Linke Seite: Bewegliche Brücken sind Klapp-, Hub- oder Drehbrücken. Klappbrücken funktionieren nach den Waagebalken (a))- oder Scherzer-Prinzip (b)). Bei letzterem dient eine gekrümmte und eine gerade Zahnstange als Führung beim Klappvorgang. Bei Hubbrücken (c)) wird der Überbau zwischen zwei Säulen in der Vertikalen geführt. Drehbrücken (d)) haben symmetrische (mittige) oder asymmetrische (außerhalb der Mitte) liegende Drehpunkte.

nach dem Scherzer-Prinzip (Rudolf Scherzer war Brückenbauingenieur). Auch Hubbrücken folgen dem gleichen Zweck: Freigabe eines profileingeschränkten Verkehrsweges durch Anheben eines in Rollen geführten Brückenüberbaus. Dabei wird der Eisenbahnverkehrsweg unterbrochen und die Wasserstraße freigegeben. Bekanntestes Bauwerk dieser Art in Deutschland war die Hubbrücke über den Peenestrom bei Karnin (Usedom), die bis zum Ende des Zweiten Weltkriegs für den Eisenbahnverkehr zwischen Berlin und Stettin (Sczecin) von großer Bedeutung war.

Drehbrücken sind in Europa selten. In Nordamerika und Kanada werden jedoch sehr oft Hafenzufahrten, die vom Meer zu großen Häfen (New York, Vancouver u.a.) führen, von drehbaren Eisenbahnbrücken mit großen Stützweiten überspannt. Konstruktiv gesehen zählen schließlich auch die Drehscheiben in Bahnbetriebswerken zu den beweglichen Brücken. Ihre Instandsetzung und Unterhaltung gehörte deshalb zu Zeiten der Deutschen Reichsbahn zu den Obliegenheiten der Brückenmeisterei.

Behelfsbrücken werden bei der Zerstörung permanenter Brücken oder Teilen von ihnen infolge von Naturkatastrophen oder kriegerischen Aktionen, aber auch bei zeitweiligem planmäßigen Ersatz der eigentlichen Brücke eingesetzt. Letzteres kann notwendig sein, wenn z.B. die permanente Brücke erneuert, rekonstruiert oder instandgesetzt wird und dabei nicht genutzt wer-

Behelfsbrücken sind temporäre (zeitweilige) Konstruktionen mit einfachem Aufbau und geringen Stützweiten (bis etwa 34 m). Haupttragelemente sind 2, 4, 6 oder 8 Doppel-T-Träger, die mit horizontalen und vertikalen Verspannungen (Spillen 24 mm) zu Bündeln verspannt werden. Als Aussteifungen dienen Kreuze aus Bohlen und Schwellen sowie Futterhölzer zwischen den Trägerpaaren. Der Oberbau wird mit Bolzen an den mittleren Aussteifungen befestigt.

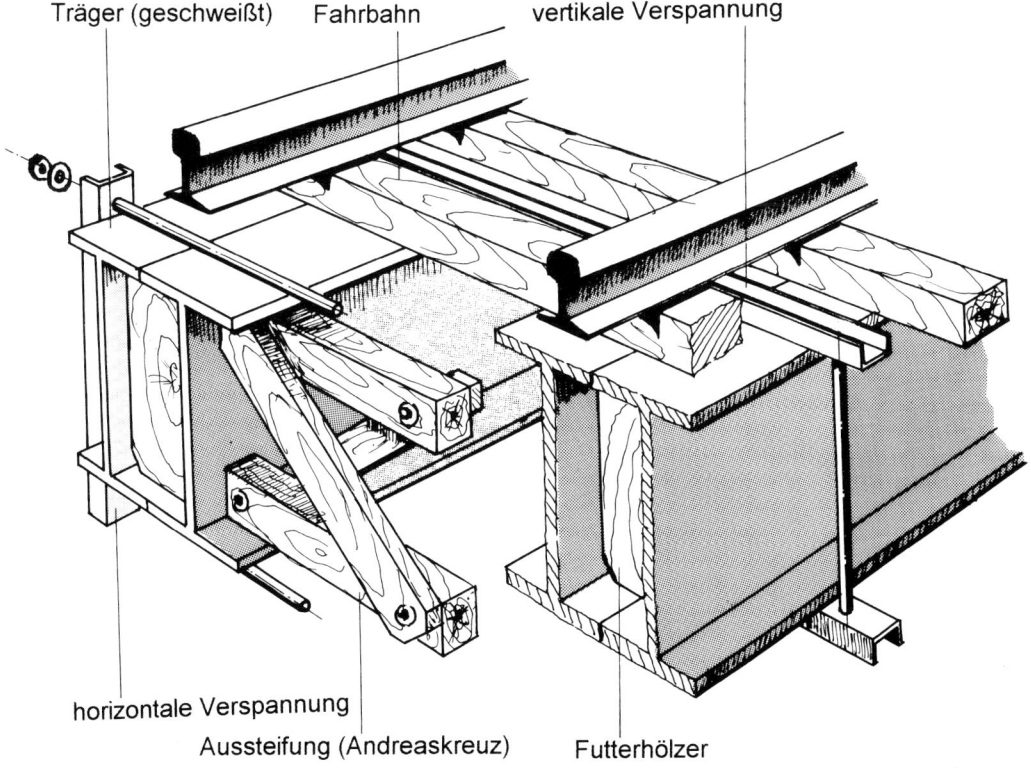

Behelfskonstruktionen müssen nicht immer behelfmäßig aussehen. Die im Bild gezeigten Behelfsunterstützungen dienen der Abfangung einer beschädigten Hochbahnkonstruktion bei der Berliner Verkehrsgesellschaft (BVG). Zur Rekonstruktion der Brückenstützen wurden diese bis in etwa 2 m Höhe abgetrennt und durch neue Bauteile ersetzt.

den kann. In einem solchen Fall wird meistens eine Behelfsbrücke parallel zum permanenten Bauwerk errichtet und die Zuführungsgleise werden angeschwenkt.

Behelfskonstruktionen zur Überbrückung kleiner Stützweiten (bis max. 7,00 m) sind Schienen- oder Trägerbündel. Diese werden so angeordnet, daß die Tragwerke zu je einem Drittel rechts und links der zu überbrückenden Öffnung auf festem Gleis aufliegen. Für eine 7-m-Öffnung wären demnach mindestens 21 m lange Schienen/Träger erforderlich. Im Bereich der zu überbrückenden Öffnung wird das Gleis an den Bündeln angehängt. Schienenbündel bestehen aus fünf ineinander gekippten Schienen, die mit Tragbügeln und Schwellen zu Tragkonstruktionen zusammengespannt werden. Trägerbündel (auch »Gleisabfangungen« genannt), folgen dem gleichen Prinzip, nur sind die Tragwerke, bestehend aus U-Trägern (h = 200 - 240 mm), Querstäben und Tragbügeln, bereits vormontiert und somit leichter zu handhaben.

Trägerbehelfsbrücken sind zerlegbare Konstruktionen, deren Hauptbauteile Doppel-T-Träger (gewalzt oder geschweißt) sind, die paarweise zu Tragwerken verspannt werden. Trägerbehelfsbrücken können nur als Deckbrücken genutzt werden. Dabei werden – je nach Stützweite – bis zu fünf Trägerpaare symmetrisch im Querschnitt angeordnet. So kann z.B. mit einer solchen Behelfsbrücke, bestehend aus zehn Doppel-T-Trägern (h = 1000 mm) ein Hindernis mit einer Öffnung von bis zu 28 m überbrückt werden. Zur Verspannung der Einzelteile der Behelfsbrücke (Träger, Schwellenkreuze und Futterhölzer) dienen waagerechte und senkrechte Verspannungen, deren Hauptbauteile Gewindespillen mit 20 mm Durchmesser sind, sowie Wind- und Schlingerverbände. Der Vorteil dieser Trägerbehelfsbrücken besteht darin, daß sie (durch Trennschweißen) jeder beliebigen Stützweite angepaßt werden können. Ihr Nachteil hingegen liegt in der aufwendigen Verspannung zu einem kompakten Tragwerk. Diesen Nachteil haben Fertigbrücken als Zwillingsträger oder Hohlkasten nicht. Sie sind allerdings nur für festgelegte Stützweiten verwendbar und werden an bestimmten Stellen (Bahnhöfe, Betriebswerke etc.) für ihren Einsatz bereitgehalten.

Zu den Behelfskonstruktionen im Brückenbau gehören auch die Behelfsunterstützungen. Für geringe Stützhöhen (bis 1,20 m) genügen Schwellenstapel. Insgesamt dürfen Schwellen ohne montierte Unterlagsplatte in maximal sieben Lagen übereinander gestapelt werden. Dabei ist der Stapel so aufzubauen, daß die Neigungen der Stapelkanten nicht steiler als 60° werden. Den inneren Halt dieser Konstruktion geben Bauklammern, die auf Zug- und Druckbeanspruchung in die Stirnwände der Schwellen eingeschlagen werden. Niedrige Balkenstapel werden auch häufig als Endauflager verwendet. Spezielle Widerlagerkonstruktionen sind für Behelfsbrücken nicht notwendig. Wegen der geringen Stützweiten und der fehlenden Fahrdynamik (maximale Geschwindigkeit 10 km/h) genügt es, die Überbauten auf Hartholzschwellen mit Stahlplattenunterlagen oder auf Eisenbahnschienen zu lagern.

1.5 Sonderformen und Sonderbauarten

Zwischenstützen werden ein-, zwei oder dreiwandig sowie als Pfahl- oder Schwellenjoche ausgeführt. Wegen der fehlenden Möglichkeit, Brückenstöße auf ihnen auszuführen, kommen einwandige Joche nur als Zwischenunterstützungen zur Anwendung. Anders ist es bei zwei- und dreiwandigen Jochen, auf denen sowohl räumlich als auch statisch die Möglichkeiten zum Stoßen von Brückenüberbauten gegeben sind. Dabei werden dreiwandige Pfahljoche häufig als feste Auflager genutzt, da sie konstruktiv in der Lage sind, horizontale Kräfte aufzunehmen.

Pfahljoche zählen zu den Tiefgründungen. Die Pfähle solcher Joche werden bis zur Hälfte ihrer Stützhöhe in den tragfähigen Baugrund gerammt. Dadurch sind sie – neben der Möglichkeit der Aufnahme hoher lotrechter Lasten – in der Lage, in begrenztem Umfang auch waagerechte Lasten aufzunehmen, was ihnen fast schon den Charakter eines Pfeilers verleiht. Hingegen werden bei Schwelljochen die Lasten über Schwellen (Kanthölzer), deren Aufstandsflächen häufig noch durch Unterlagsbohlen vergrößert werden, auf den Baugrund übertragen. Diese Bauart ist demnach eine ausgesprochene Flachgründung.

1.6 Brücken auf Modellbahnanlagen

Brücken auf Modellbahnanlagen sind ein umstrittenes Thema. Der wesentliche Streitpunkt ist dabei weniger die Tatsache, daß Brücken auch im Modell zur Überwindung von Höhenunterschieden im Gelände und zur niveaufreien Kreuzung mit anderen Verkehrswegen notwendig sind, als vielmehr die konstruktiven Fehler, die häufig beim Bau von Modellbahnbrücken gemacht werden. Solche Gestaltungsmängel fallen an Brücken ganz besonders auf, weil sie Blickfänge einer Modellbahnanlage sind.

Folgende Fehler werden hauptsächlich gemacht:

1. Wahl der falschen Brückenform, bezogen auf die Stützweite. Bis (umgerechnet) 30-45 m Stützweite genügen Trägerbrücken, ab 45 m ist es wirtschaftlich, Fachwerkbrücken zu bauen.
2. Falsche Proportionen, besonders bei der Nachbildung von Fachwerkbrücken. Für Vollwandträgerbrücken gilt etwa ein Verhältnis von 1:10 bis 1:12 zwischen Trägerhöhe und Stützweite. Bei Fachwerkbrücken beträgt die-

Vollwandträgerbrücke in der Nenngröße TT nach tschechischen Motiven. Die Träger stammen aus einem Bausatz, die Widerlager und Flügelmauern wurden aus Mauerwerksplatten aus Schaumstoff hergestellt. Eine dezente Alterung unterstreicht die vorbildgetreue Wirkung des Motivs.

ses Verhältnis etwa 1:8 bis 1:10. Diese Angaben sind Richtwerte, Abweichungen sind beim Vorbild möglich.
3. Konstruktive Fehler, wie z.B. gekrümmt ausgeführte Doppel-T-Träger als Haupttragwerk. Abgesehen von der technischen Unmöglichkeit, bei einer solchen Biegung z.B. die Trägerflansche an der Bogeninnenseite zu stauchen und an der Außenseite zu strecken, ist eine solche Konstruktion höchst kippanfällig und labil. Weiterhin fehlen oft an den Knoten (Treffpunkt mehrerer Träger) Nachbildungen der Knotenbleche. Optisch sehr auffällig ist nicht zuletzt eine nachlässige Auflagerung der Brückenüberbauten auf den Widerlagern.
4. Fehlende Nachbildungen der Stürze bei Bogenöffnungen von Massivbrücken. Ob diese gemauert sind oder aus Beton bestehen, hängt vom Baujahr der Brücke und der Bauweise des übrigen Mauerwerks ab, dargestellt werden müssen sie aber auf jeden Fall.
5. Farblich unbehandelte Industriemodelle, welche heute vorwiegend aus Kunststoff hergestellt werden. Sie wirken wegen ihres plastikhaften Glanzes unrealistisch.

1.6.1 Eigenbau von Brückenüberbauten im Modell

Welche Werkstoffe beim Bau von Brückenüberbauten verwendet werden, hängt weitgehend von den Fähigkeiten und Fertigkeiten des Modellbauers sowie von den technischen Möglichkeiten in der Modellbahnwerkstatt ab. Bei entsprechender Einstellung zum Fertigprodukt und innovativer Behandlung der Werkstoffe ist jedoch fast jeder Baustoff zum Brückenbau geeignet – sogar Papier! Abgekantetes Papier weist nämlich enorm hohe Festigkeiten auf, wenn die Fließrichtung des Papiers beachtet wird und die Abkantungen sauber und nach innen (Ritzkante liegt innen) vorgenommen werden. Schließlich kommt man aber doch zu der Erkenntnis, daß die Nachbildung von Metallkonstruktionen am besten mit Metallen (Messing oder Neusilber), die von massiven Baustoffen mit Gips oder gipsähnlichen Baustoffen gelingt.

Stählerne Brücken aus Vollwandträgern lassen sich gut aus Messingprofilen nachbilden. So entspricht in der Nenngröße H0 ein Profil mit den Abmessungen 11 x 5 mm sehr genau einem parallelflanschigen Doppel-T-Träger mit 1000 mm Vorbildhöhe und 400 mm Flanschbreite. Die Nachbildung der Beulsteifen erfolgt mit T-Profilen

Vier Stahlbrückenmodelle - vier Modellbauweisen. Die Fachwerkbrücke mit untenliegender Fahrbahn (oben) wurde aus Holzleisten (Flugmodellbau) und festem Zeichenkarton geklebt. Die Brücke mit zwischenliegender Fahrbahn (mitte) wurde ausschließlich aus Plastik-Sheets (Plastruct) hergestellt. Dahinter ist eine Vollwandträgerbrücke mit obenliegender Fahrbahn zu sehen, die aus Pappe und Karton angefertigt wurde. Der Hauptträger einer Fachwerkbrücke (unten) wurde aus Messing-Blechen und -Profilen zusammengelötet.

Details einer Fachwerkbrücke aus Messing. Ober- und Untergurt wurden als Hutprofil zusammengesetzt; die Pfosten und Diagonalen sind gefräste Doppel-T-Profile. Aus gleichen Teilen entstanden die Quer- und Fahrbahnträger. Der Schlingerverband ist aus Winkelprofilen zusammengesetzt. Bei der Herstellung ist eine Lötflamme sehr zu empfehlen.

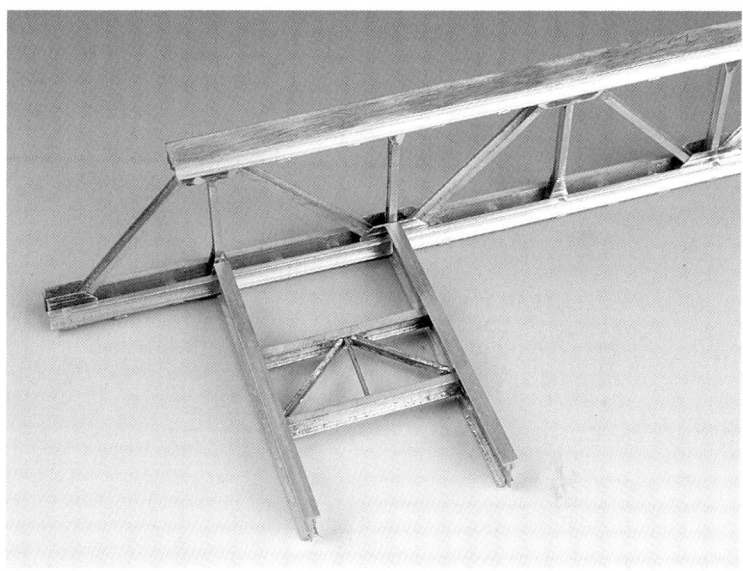

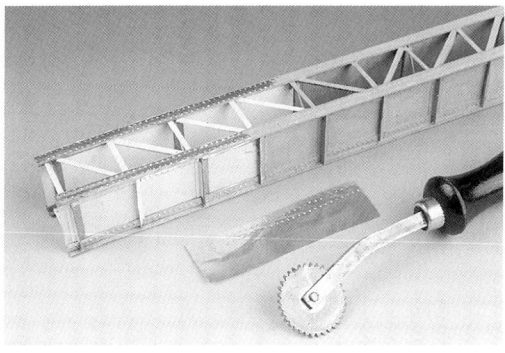

Brückentragwerk aus Pappe und Karton. Am vorderen, unbehandelten Bauteil ist die Zusammensetzung der Konstruktion zu erkennen. Wie bei alten Brücken wurden die Hauptträger aus Blechen (Kartonstreifen) und Winkeln zusammengeklebt. Klebstoff: UHU-hart mit viel Aceton. Die Nietimitation besteht aus Alufolie in die mit einer Rändelrolle die Nietköpfe eingedrückt wurden. Der hintere Brückenteil wurde bereits grundiert.

1,5 x 1,5 mm und für die Aussteifungen zwischen den Trägern sowie die Nachbildung der Windverbände in der unteren Tragwerksebene stehen Winkelprofile 1 x 1 mm zur Verfügung. Alle Verbindungen der Bauteile untereinander und alle Anschlüsse müssen mittels Knotenblechen und Anschlußwinkeln hergestellt werden. Auf die Nachbildung von Niete kann verzichtet werden, wenn man die Brückenkonstruktion in der Epoche IV ansiedelt und die Verbindungen als Schweißun-

gen deklariert. Für eine hohe Festigkeit des Modells werden die Bauteile miteinander verlötet. Wer diese aufwendige Technologie scheut, kann auch mit schnellhärtendem Zweikomponenten-Kleber arbeiten. Sekundenkleber sollte man für solche Verbindungen nicht verwenden. Diese Klebstoffart eignet sich nur für kleinflächige Verbindungen, die kaum Biegespannungen ausgesetzt sind.

Wird Pappe oder Karton als Baustoff vorgesehen, ist dünne Lederpappe (0,3 mm) zu empfehlen, wie sie früher oft als Zwischenlage in Kartotheken verwendet wurde. Geklebt wird hier am besten mit UHU-hart und Azeton-Lösungsmittel. Jede Klebeverbindung wird mit einem Tropfen Azeton »nachgewaschen«. Dabei löst sich der Klebstoff wieder auf, wird dünnflüssig und dringt in alle Poren des Materials. Überraschend feste Verbindungen sind das Ergebnis.

Nietreihen lassen sich gut mit dicker Aluminiumfolie (z.B. von Essen-Assietten) nachbilden. Zum Eindrücken der Nietreihen stellt man sich aus einem Metallzahnrad (Modul 0,4) eine »Rädelvorrichtung« her, wie sie zum Kopieren von Schnittmustern verwendet werden. Der Aufwand zur Herstellung dieses Werkzeuges lohnt sich, da es später auch im Modellfahrzeugbau nützlich ist.

Die Farbgebung der Modellbrücke sollte mit hellgrauer matter Sprühfarbe erfolgen. Mit einer airbrush-Pistole erzielt man hierbei bessere Ergebnisse als mit der Sprühflasche oder dem Pinsel. Kräftige Alterungsspuren, etwa in Form von heruntergelaufenem schwarzen Dreckwasser oder von Rostnestern an den Knotenblechen, verleihen dem Brückenmodell einen realistischen Eindruck.

Soll eine *Trogbrücke* mit zwischenliegender Fahrbahn gebaut werden, kann die Konstruktion vereinfacht werden, wenn die Unterseite der Brücke bei ihrem späteren Einsatz auf der Anlage nicht sichtbar ist. Da bei dieser Brückenart das Gleisbett meistens durchgängig ist, genügt es, ein Holzklötzchen zwischen die Hauptträger zu kleben und darauf das Gleisbett weiterzuführen. Nicht vergessen darf man allerdings die Nachbildung der Stützknaggen, die an der Innenseite der Brücke immer dort anzubringen sind, wo sich außen Beulsteifen (beim Vorbild etwa alle 2 m) befinden.

Die Nachbildung einer *Fachwerkbrücke* im Modell muß gut vorbereitet werden. Am besten wirkt ein solches Modell natürlich aus Metall. Die Firmen Brawa, Schullern und Verbeck halten große Sortimente sauber gefräster, gewalzter oder gezogener Messingprofile bereit. Aufwendig ist in jedem Fall der Zuschnitt der Stäbe und das Verlöten der Einzelteile. Dafür sind Lehren notwendig, die in der Regel selbst gebaut werden müssen. Lehren zum gleichmäßigen Ablängen von Profilen sind leicht hergestellt. Wichtig sind ein fester Anschlag und eine genau einstellbare Schnittführung. Zum Schneiden werden dünne Trennscheiben mit Korund- oder besser noch Diamantbeschichtung verwendet, die praktischerweise über eine biegsame Welle mit der Bohrmaschine verbunden werden.

Zum Aufbau der Fachwerkscheiben wird die Einrichtung einer Klebe- bzw. Lötlehre auf einer etwa

Lehren erleichtern die Arbeit. Zum Kleben und Löten empfiehlt sich die Anfertigung einer Arbeitsplatte, die gleichzeitig als Lehre dient. Daß damit auch gelötet wurde, hat seine Richtigkeit. Hier wurden die Messingteile allerdings nur mit dem Lötkolben geheftet und dann auf einer Lötplatte (Fohrmann) mit dem Brenner endgültig verlötet. Die Ausrichtung und Winkligstellung der Bauteile erfolgt mit Winkel und Stecknadeln in kleinen Bohrungen.

Brücken sollten herausnehmbar sein. Um diese Kibri-Brücke von den Lagern nehmen zu können, wurde sie mit Kontaktstiften ausgerüstet. somit ist trotz der Mobilität stets eine gute Spannungsversorgung der Brückengleise gewährleistet. Die Verkabelung ist nur zu Demonstrationszwecken so »ungetarnt« vorgenommen worden.

1.6 Brücken auf Modellbahnanlagen

5 mm dicken Pertinaxplatte empfohlen. Mit einer absolut geraden Anschlagleiste an der unteren Kante der Lehrenplatte und exakt geschnittenen (gefrästen) Anschlagwinkeln wird der Aufbau des Fachwerks wesentlich erleichtert. Weiterhin gehören dazu 0,6 mm dicke Stahlnägel, die, in sauber gebohrte Löcher gesteckt, für eine sichere Lage der Bauteile sorgen. Eine solche Lehre ist nicht nur zum Löten gut geeignet, sondern auch zur Herstellung von Fachwerkscheiben oder fachwerkähnlichen Konstruktionen in Klebetechnik. Mit sauber geschnittenen dünnen Kiefernleisten als Nachbildung von Trägerstegen und dünnen Plastikstreifen als Flanschimitationen lassen sich sehr vorbildgetreue Modellbrücken herstellen. Dabei sind die dünnen Holzleisten vor dem Einbau zweimal zu grundieren und zu schleifen, um ihre Holzstruktur weitgehend zu verdecken. Die Verwendung von Pappe oder Karton als Flansche und Knotenbleche ist nicht zu empfehlen, da sich die Pappe infolge der Luftfeuchtigkeit aufzulösen beginnt, auch wenn sie mit Farbe behandelt worden ist. Für weitere Profile, wie Winkeleisen für Verbände, steht ein großes Sortiment an Halbzeugen aus Polystyrol oder ABS im Handel zur Verfügung. Geklebt wird – wie bereits beschrieben – mit UHU-hart und Azeton als Lösungsmittel, wobei beim Arbeiten mit Polystyrol unbedingt die stark auflösende Wirkung des Azetons beachtet werden muß.

Zur Nachgestaltung von stählernen Brücken im Modell gehört auch die Nachbildung der Lagerkonstruktionen. Zur Erinnerung: Jeder Stahlbrückenüberbau hat immer ein festes und mindestens ein loses Lager. Zur Nachbildung von Festlagern eignet sich am besten eine Bocklagerkonstruktion. Dabei greift ein Zapfen, der mit einer am Untergurt der Brücke befestigten Stahlplatte aus einem Stück besteht, in die Hülse an einer Unterplatte, die schubfest am Widerlager befestigt ist. Da hier große horizontale Kräfte wirken, ist diese Hülse mit Knaggen versteift. Diese »Hülsen-Steckverbindung« kann u.a. auch zur Übertragung des Fahrstroms auf die Modellbrücke genutzt werden, so daß der Überbau ohne weiteres abnehmbar ist.

Lose oder bewegliche Lager bestehen meistens aus Stahlrollen, die zwischen einer Oberplatte am Untergurt der Brücke und einer Unterplatte am Widerlager liegen. Zur Einschränkung des Rollweges sind an Ober- und Unterplatte Begrenzun-

Feste und bewegliche Auflager im Modell. Wegen der Winzigkeit kommt hier nur eine prinzipielle Darstellung in Frage. Das feste Lager (links) besteht aus zwei Lagerplatten und einem Vierkant, das bewegliche Lager ebenfalls aus zwei Lagerplatten und zwei Rollen. Die Konstruktionen können in Holz (oben) oder Messing (unten) ausgeführt werden.

gen angebracht und auch die Rollen selbst weisen an den Stirnseiten Flacheisen auf, die ein Herunterrollen von den Lagerplatten verhindern. Für die Anfertigung größerer Mengen solcher Lager lohnt sich die Herstellung einer Silikonform und das Gießen mit Kunstharz oder Zinn.

Überbauten von *Massivbrücken* bestehen aus Stahl- oder Spannbeton. Vorherrschend sind hier die Konstruktionsformen »Balken«, »Hohlkasten« und »Balkenreihe«. Da die Querschnitte dieser Brücken im Modell meist nicht zu sehen sind – es sei denn, eine solche Brücke wird im Bauzustand dargestellt – genügt meistens eine Sperrholzkonstruktion, die mit Gips oder gipsähnlichen Stoffen überzogen wird. Dabei muß beachtet werden, daß der Gipsüberzug auf dem Sperrholzkörper gut haftet. Dazu wird dem Gips (oder Moltofill) Holzkaltleim beigemischt, der zwar die Abbindezeit verlängert, den Gips aber geschmeidiger macht und besser haften läßt. Da der aufgetragene Gips viel Feuchtigkeit enthält, besteht die Gefahr, daß sich die Unterkonstruktion verzieht. Besonders anfällig sind größere ebene Flächen. Werden diese durch einen rückseitigen Rahmen oder – noch besser – durch eine Kastenkonstruktion versteift, bleibt die gefürchtete Verwerfung aus.

Trotz des schlichten Aufbaus von Massivbrücken-Überbauten bleiben dem nach Vorbildtreue strebenden Modellbauer genügend Mög-

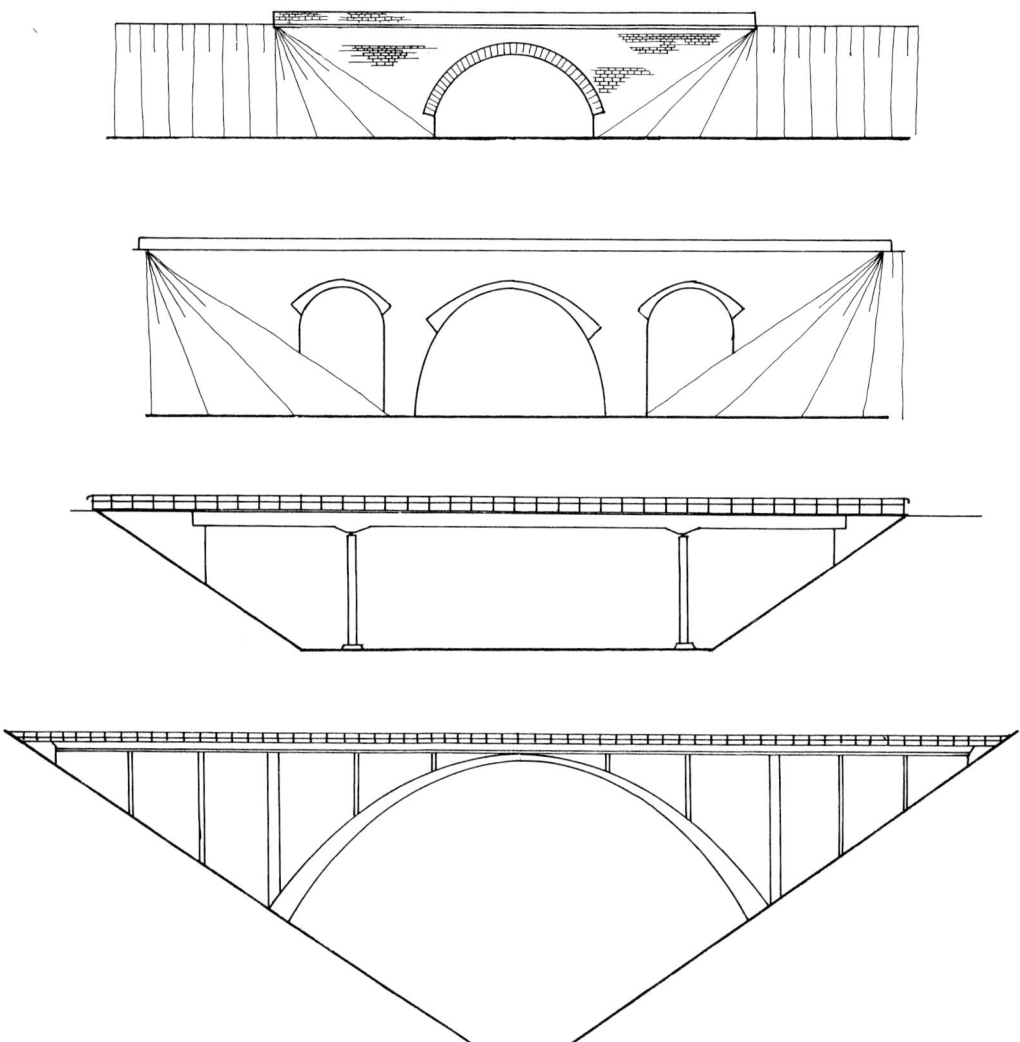

Ausgewählte Formen von massiven Brückenbauwerken. Für geringe und mittlere Stützweiten sind Brücken mit einer Bogenöffnung aus Mauer- oder Bruchsteinmauerwerk gut geeignet (oben). Brücken mit größeren Stützweiten werden meistens in mehrere Bögen (Haupt- und Nebenbögen) aufgegliedert (darunter). Auch für mittlere Stützweiten geeignet: Die Balkenbrücke aus Stahl- oder Spannbeton mit Vouten und schlanken Einzelstützen (darunter). Für große Stützweiten kommen vielfach Bogenkonstruktionen (aus Stahl- oder Spannbeton) mit aufgeständerten Fahrbahnen zur Anwendung (unten).

lichkeiten zur differenzierten Gestaltung. So weisen Massivbrückenquerschnitte häufig weitauskragende Konsolen und Simse auf, die – will man sie exakt nachbilden – hohe Anforderungen an den Bastler stellen.

Die Lager haben, wie bereits erwähnt, bei Massivbrücken eine untergeordnete Bedeutung. Außerdem sind sie oft verdeckt, so daß kaum Probleme bei der Nachgestaltung im Modell auftreten. Sollten sie trotzdem sichtbar sein, (etwa auf Zwischenunterstützungen) ist die Nachbildung von Gummitopflagern einfach. Diese lassen sich leicht aus einen Stück Rohr (10 mm bei H0) und zwei an den Enden dagegengesetzten Plättchen (d = 0,5 mm) herstellen.

Auswahl einiger handelsüblicher Fachwerkbrücken mit guten Proportionen. Die Balken-Fachwerkbrücke mit parallelen Gurten von Märklin (vorn) kann man sowohl mit untenliegender Fahrbahn (original) oder (mit geringem Bastelaufwand, kopfstehend) mit obenliegender Fahrbahn aufbauen. Die zwei zu einem Bausatz gehörigen Bauteile sollten zu einem Überbau verbunden werden. Die Brücke mit Halbparabelträger (mitte) stammt ebenfalls von Märklin und der trapezförmige Überbau (hinten) von Vollmer.

Einige handelsübliche massive und stählerne Brückenkonstruktionen. Die Bogenbrücke mit aufgeständerter Fahrbahn (vorn) kommt von der Firma Faller. Die Steinbrücke als Bogenkonstruktion mit einem Haupt- und vier Nebenbögen (mitte) wird von der Firma Kibri hergestellt und die in gealtertem Bruchsteinmauerwerk gehaltene Bogenbrücke (hinten) kommt aus dem Hause Pola.

1.6.2 Industriemodelle von Brückenüberbauten

Um den großen Aufwand, den z.B. der Eigenbau einer Fachwerkbrücke erfordert, zu vermeiden, greifen viele Modelleisenbahner auf Industriemodelle zurück. Abgesehen von einigen technisch nicht akzeptablen Lösungen, wie Fachwerk- und Trägerbrücken im Bogen und Stößen von Brückenüberbauten in der Luft (ohne Zwischenunterstützung) sind die meisten handelsüblichen Modelle optisch gut gelungen. Leider betrifft das oft nur die Gestaltung der Haupt- (Fachwerk-) Träger. Das Nachvollziehen des Kräfteverlaufs in der Fahrbahn läßt oft Mängel in der exakten Nachbildung der Quer- und Fahrbahnlängsträger erkennen. Grund dafür ist sicher das Bemühen, die Industriegleise verschiedener Hersteller in diesem Bereich der Brücke verwenden zu können. Für den oberflächlichen Betrachter besteht die Brückenfahrbahn einer Fachwerkbrücke ohnehin nur aus einem System sich kreuzender Träger (Schlinger-, Brems- und Windverbände), die meistens auch an den Fahrbahnen der Modellbrücken dargestellt werden. Diese zu flach dargestellten Bauteile lassen sich durch Auf- bzw.Unterkleben von Plastikstreifen (zur Hervorhebung der Quer- und Längsträger) optisch aufwerten.

Lobend hervorzuheben ist hier der Bausatz einer Deckbrücke von Kibri, der auch im Querschnitt die exakte und gut proportionierte Nachbildung aller Bauteile aufweist.

1.6.3 Bau von Brückenunterstützungen und Widerlagern

Widerlager werden fast ausschließlich in Massivbauweise hergestellt. Ein Widerlager besteht aus dem (unsichtbaren) Widerlagerfundament, dem Widerlagerschaft, der Auflagerbank und dem Kammermauerwerk. Außerdem gehören noch Flügelmauern dazu, die, je nach der Gestalt des anschließenden Erdkörpers, sehr unterschiedlich in Form und Aufbau sein können. Widerlagerschaft, Kammermauerwerk und Flügelmauern bestehen meistens aus den gleichen monolithischen Baustoffen: Natursteinmauerwerk, Kunststeinmauerwerk (Ziegel oder Kunststeine) oder Beton. Die Auflagerbank muß wegen der Aufnahme sehr hoher Stützlasten außerordentlich fest sein. Hochfester Beton, Stahlbeton oder festes Gestein (z.B. Granit) sind die häufigsten Baustoffe für dieses Bauteil. Auch Auflagersteine sind bei alten Brücken anzutreffen. Das sind Granitquader, die anstelle einer durchgehenden Bank unmittelbar unter den Lagern in das Widerlager eingemauert wurden. Besonders im Bereich des Kammermauerwerks fällt beim Vorbild viel Oberflächenwasser an, da in diesem Bereich der Übergang vom Brückenüberbau zur anschließenden Fahrbahn liegt. Das erfordert Entwässerungseinrichtungen wie Fallrohre, Sickerschächte und Ableitungen in vorhandene Vorfluter. Auch wenn diese Anlagen im Modell kaum nachzubilden sind, weil sie sich im Inneren des Mauerwerks befinden, so sind doch ihre Wirkungen deutlich sichtbar: Wasserspuren an Rohraustritten, im Widerlagerschaft und den Flügelmauern. Die Nachbildung von Widerlagern auf der Modellbahn kann mit handelsüblichen Kunststoffplatten, Mauerwerkspappen oder im Eigenbau erfolgen. Bei den erstgenannten zwei Methoden dienen Grundkörper aus Sperrholz oder Pappe als

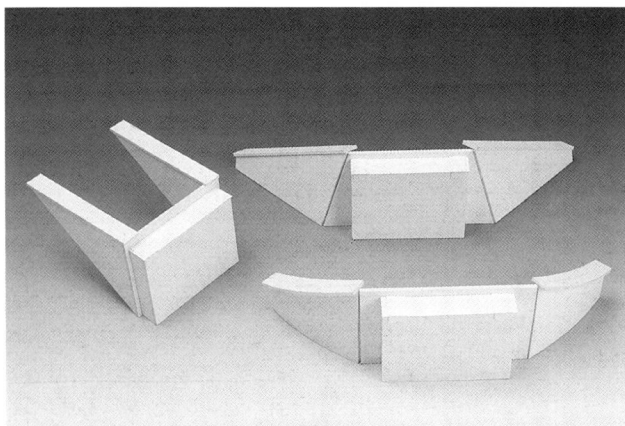

Grundkonstruktionen von Widerlagern und Flügelmauern in der Nenngröße H0. Einfach in der Herstellung und platzsparend ist das Widerlager mit geraden Flügelmauern (rechts). Aufwendiger ist es, das Widerlager mit gebogenen Flügelmauern (links, vorn) herzustellen, jedoch ist der Gesamteindruck wesentlich besser als beim ersten Beispiel. Sehr vorbildgetreu, aber auch sehr aufwendig ist der Bau eines Widerlagers mit schrägen (und schiefen) Flügelmauern (hinten).

Zwei völlig unterschiedliche Methoden, Mauerwerk im Modell nachzubilden. Während bei dem linken Modell aufgeklebte Pappplättchen zur Steinimitation dienten, fanden bei dem rechten Modell echte Schieferplättchen Anwendung. Das linke Mauerwerk wurde bereits stellenweise mit Plakatfarben gestaltet, während das rechte Modell den Anfang eines Urmodells zur Silikonabformung nach einer Idee von Willy Kosak darstellt.

1.6 Brücken auf Modellbahnanlagen

Die beste Methode, Bauwerke aus Beton nachzubilden ist der Modellbau mit Gips. Diese Stahlbetonbrücke mit verlorenem Widerlager und glattem Hauptträger mit Vouten entstand aus einem Grundkörper aus Sperrholz, der mit einer etwa 3 mm dicken Schicht aus Modellgips überzogen wurde. Gealtert wurde mit Wasserfarben.

Träger für die aufgeklebten Platten aus Kunststoff oder Pappe. Sichtbare Stöße an den Kanten des Materials sind zu vermeiden. Auch ist darauf zu achten, daß an den Ecken der Fugenverlauf exakt fortgesetzt wird. Kunststoffplatten werden dazu an den Ecken stark angefast, so daß sich beim Zusammenkleben scharfe Kanten bilden. Kartonplatten werden so abgekantet, daß sie auf der Innenseite der Pappe vorgeritzt und die Kanten in diesen Kehlen mit Leimstreifen stabilisiert werden.

Die hohe Schule der Herstellung von Widerlagern ist jedoch der Selbstbau mit Überzügen aus Gips, Moltofill o.ä. auf Grundkörpern aus Sperrholz. Der Vorteil einer solchen Selbstbauweise liegt einerseits in der Möglichkeit der individuellen Gestaltung dieser Bauwerke und andererseits in der differenzierten Nachbildung der Strukturen mit stark hervorgehobenen Steinen und Simsen. Nach dem Aussägen und Zusammenfügen der Bauteile aus Sperrholz werden diese etwa 3 mm dick mit einem Gips-Leim-Wassergemisch (dünn-breiige Konsistenz) eingestrichen. Die Haftung dieser Schicht wird noch verbessert, wenn man vorher eine Lage von Gipsbinden aufgenagelt oder getackert hat. Dabei müssen die stählernen Nägel oder Klammern unbedingt mit Lack überdeckt werden, da sonst der Rost durch den Gips schlägt. Besser geeignet sind Messing oder Kupferstifte. Beginnt die äußere Gipsschicht abzubinden, wird mit einem harten Rundpinsel eine rauhe Oberfläche in den Gips »gestupst«. Zum Einritzen der Fugen sollte man die Gipsschicht nicht endgültig abbinden lassen. Eine noch etwas feuchte Fläche läßt sich nämlich besser gravieren als eine absolut trockene. Deshalb wird auch empfohlen, die Flächen während des Gravurvorgangs öfter anzufeuchten, was allerdings die Bruchgefahr der Gipsfläche wieder erhöht. Zum Schluß werden die »Steine« nach den Fugen hin abgeschrägt. Zwar ist dies eine aufwendige Arbeit, doch der Erfolg dieser Mühe ist überzeugend.

Bei der Verwendung von Gießformen aus Silikonkautschuk können sogar komplette Brückenköpfe abgeformt werden. Die Herstellung von Gießformen aus Silikonkautschuk ist aufwendig und auch nicht billig, wegen der guten optischen Wirkung der Abgüsse jedoch für jeden zu empfehlen, der Wert auf hohe Vorbildtreue legt und die Abformungen für mehrere Modelle verwenden will. Weitere Möglichkeiten dieses Verfahrens und die Herstellung der Formen werden in einem späteren Band dieser Buchreihe ausführlich beschrieben.

Die Nachbildung von Zwischenunterstützungen im Modell folgt – wenn ihre Vorbilder nicht aus Stahl sind – den gleichen Prinzipien wie die der Widerlager. Auch hier bestehen die Stützenschäfte aus Mauerwerkskonstruktionen oder Beton. Die Auflagerbänke sind ebenfalls wie bei den Widerlagern aus besonders hartem Beton oder Gestein. Die Lager von Stahlbrücken auf Zwischenunterstützungen sind fast immer als bewegliche Lager ausgebildet. Bei Massivbrücken aus Beton werden häufig Gummitopflager eingesetzt, deren Nachbildung im Modell bereits oben beschrieben wurde.

2 Kunstbauten der Eisenbahn

Neben den bereits beschriebenen Brücken ordnet die Eisenbahn noch eine Reihe anderer Bauwerke unter die Rubrik Kunstbauten ein. Das betrifft besonders Tunnelbauwerke, Stützmauern und Überführungsbauwerke. Auch Hangverbauungen und Lawinenschutzgalerien zählen zu den Kunstbauten im eisenbahntechnischen Sinne.

2.1 Tunnelbauten und ihre Entwurfsgrundlagen

Definition: Tunnel sind Ingenieurbauwerke mit röhrenförmigen Querschnitten, die der unterirdischen Weiterführung von Verkehrswegen dienen. Tunnel werden notwendig zur geschlossenen Unterquerung anderer Verkehrswege oder natürlicher Hindernisse z.B. von Gebirgen.

Die Aufgaben des Eisenbahn-Tunnelbaus haben sich im Laufe der Entwicklung mehrfach gewandelt. Die Anfangszeit der Eisenbahnen in Deutschland (etwa von 1880 bis 1935) war geprägt von einer Vielzahl von Tunnelbauten, die besonders zur Durchquerung der deutschen Mittelgebirge und der Alpen notwendig wurden. Die Epoche des Zweiten Weltkriegs und die Zeit danach wurde gekennzeichnet durch die Notwendigkeit der Instandhaltung der vorhandenen Bauwerke und deren Anpassung an veränderte Verkehrsbedürfnisse. Erst mit der Projektierung und dem Bau der Neubautrassen für ICE-Züge gewann der Tunnel-Neubau wieder an Bedeutung, diesmal jedoch mit wesentlich moderneren Technologien, als das in der ersten Hälfte dieses Jahrhunderts möglich war. Sprachlich kommt das Wort »Tunnel« vom lateinischen/englischen/französichen »Tonne«; und eine Tonne ist das Gebilde eigentlich ja auch, das da durch den Berg gebaut wird.

Auf Modellbahnanlagen handelt es sich meistens um die Nachbildung von Mittelgebirgstunneln, seltener um Basistunnel durch Hochgebirge (z.B. der Alpen). In der Modellbahnliteratur wird wenig über den Tunnelbau beim Vorbild und die damit zusammenhängenden Entwurfsgrundlagen geschrieben. Deshalb sollen hier einige Zusammenhänge erläutert werden.

Die erwähnten Mittelgebirgstunnel in Deutschland haben in der Regel Längen von ca. 100 bis 4200 m und eine Überdeckung (Höhe des Berges über dem Tunnel) bis zu etwa 200 m. Für die Querschnittsausbildung neuer Tunnel gelten im wesentlichen die gleichen Grundsätze wie beim Brückenneubau. Besondere Sorgfalt ist der geologischen und hydrologischen Erkundung des zu durchfahrenden Gebirges zu widmen. Deshalb können die Vorbereitungen eines Tunnelbaus oftmals Jahre dauern. Auch die Längsneigung eines Tunnels spielt eine große Rolle, ist doch die Wasserabführung während der Bauarbeiten und des künftigen Betriebes eine der wichtigsten Prämissen für den Bauingenieur.

Zur Bauausführung ist fast immer (besonders bei langen Tunneln) der Vortrieb eines Sohlstollens zweckmäßig, der als Richtstollen und Transportweg für die Abbruchmassen dient und wertvolle Aufschlüsse über die Gebirgsbeschaffenheit bringt. Bei Tunnelneubauten in nicht standfestem Gebirge wird vielfach die *belgische Bauweise* (Unterfangungsbauweise) angewendet. Dabei wird zunächst der obere Teil des Tunnelquerschnitts, die Kalotte, ausgebrochen, wobei die Ausbruchmassen durch den Sohlstollen abgefördert werden. Dem Vortrieb der Kalotte folgend wird das Firstgewölbe eingebaut und mit seinen Kämpfern zunächst auf das Gebirge aufgesetzt. Im Schutze des Gewölbes können dann abschnittsweise die Widerlager unter die Kämpfer eingezogen werden, worauf der Restausbruch des Gebirges im unteren Teil des Tunnels mit Baggern und Ladegeräten erfolgt.

Bei großen Querschnitten (zweigleisige Streckenführung) wird häufig die *deutsche Bauweise* (Kernbauweise) angewandt. Hierbei wird zuerst nur der am äußeren Rand des Querschnitts liegende Raum für die Widerlager und das Gewölbe freigelegt, und zwar von einem seitlichen Sohlstollen oder einem Firststollen aus beginnend, während im Inneren des Querschnitts ein Gebirgskern stehenbleibt. Auf ihn stützt sich die Einrüstung ab, weshalb der Kern genügend fest sein muß. Er wird nach der Vollendung des Mauerwerks abgebrochen.

Bei der *österreichischen Bauweise* wird im Schutze der Einrüstung der ganze Tunnelquerschnitt ausgebrochen und dann die Auskleidung, beginnend mit den Widerlagern bzw. dem Sohlgewölbe, eingezogen. Querschnitt und Gebirgsdruck dürfen dafür nicht zu groß sein.

Während sehr frühe Tunnel mit Ziegelmauerwerk ausgemauert wurden, erhielten spätere Bauwerke (etwa ab 1925) ein Traggewölbe aus Stampf- und später aus Stahlbeton. Moderne Tunnelbauwerke bestehen aus Röhren aus Spannbeton, die in Gleitschalungsbauweise abschnittsweise durch den Berg geschoben werden. Alle Hohlräume zwischen Spannbetonschale und Gebirge werden unter hohem Druck mit Spritzbeton verpreßt.

Der Ein- und Ausgang des Tunnels spielte für die Baumeister aller Generationen stets eine wichtige Rolle. Einerseits sollten die Portale schmückenden Charakter haben – oftmals wurde dort dem jeweiligen Landesfürsten Reverenz erwiesen – andererseits mußten sie auch eine statische Aufgabe erfüllen: Abfangen des Erddrucks am Hang und Verhinderung von Verschüttungen am Gleis infolge von Steinschlag oder Erdrutsch. Das Ergebnis waren meist sehr kunstvoll ausgeführte Tunnelportale und aufwendige Stützmauern rechts und links dieser Portale. Moderne Tunnelportale sind da wesentlich schlichter: Auf den ICE-Trassen werden die charakteristischen Tunnelröhren einfach aus dem Berg herausgeführt und in der Neigung des Berghangs (meist 1:1,25) abgeschnitten. Sehr kurze Tunnel (≤10 m), die oftmals schmale Bergvorsprünge durchbrechen, können auch ohne Tunnelportal ausgeführt werden. Maßgebend dafür ist die Standfestigkeit des Gebirges. Ausgemauert bzw. mit Beton ausgekleidet sind die Gewölbe jedoch in jedem Fall.

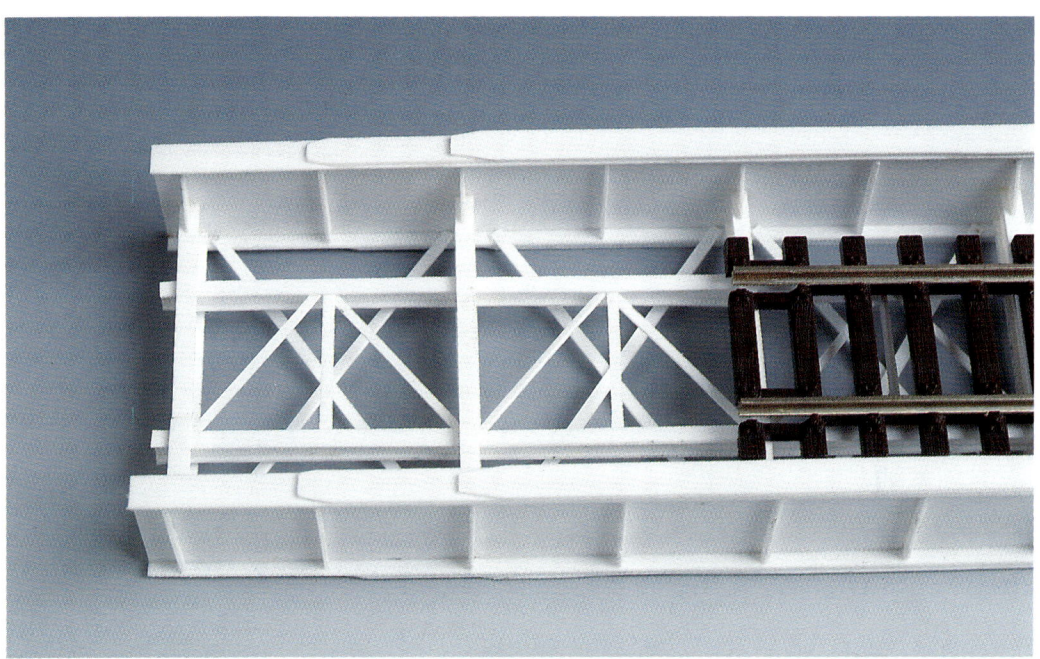

Die im Bild dargestellte vollwandige Eisenbahnbrücke mit zwischenliegender Fahrbahn wurde in der Nenngröße H0 ausschließlich aus Kunststoffplatten (Fabrikat Plastruct) hergestellt. Diese Polystyrolplatten mit unterschiedlichen Dicken lassen sich ausgezeichnet mit dem Bastelmesser bearbeiten. Als Klebemittel wurde Essigäther (Esther) verwendet. Dieser verschweißt die Bauteile ohne Klebspuren zu hinterlassen. Die aufgeklebten Lamellen entsprechen dem Vorbild und dienen der Tragfähigkeitserhöhung.

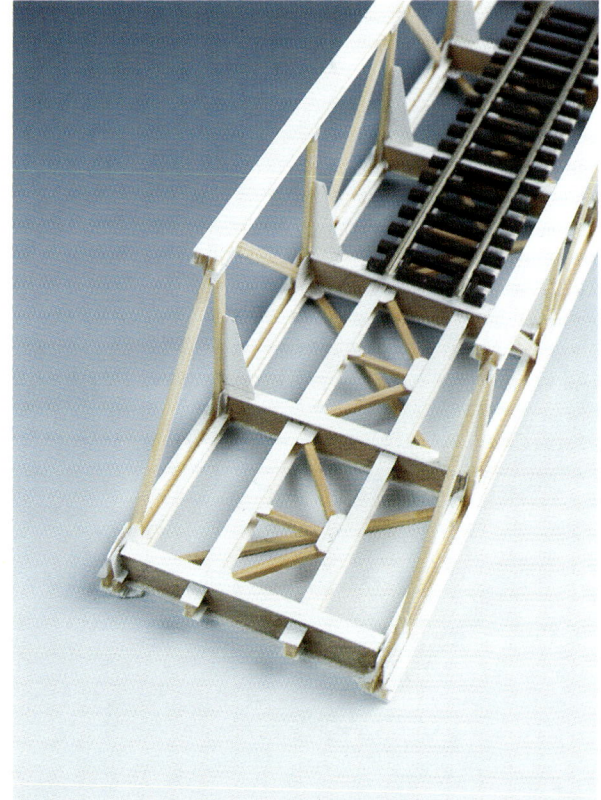

Das dargestellte Detail zeigt eine Fachwerkbrücke in Nenngröße H0, die aus Holzleisten und Zeichenkarton zusammengesetzt wurde. Die Stiele und Diagonalen haben Abmessungen von 1,5 x 3 mm, die Verbände von 2 x 2 mm. Geklebt wurde mit UHU-hart, einem Klebstoff, der bei reichlicher Zugabe von Aceton aufgelöst in die Poren des Materials dringt und gute Verbindungsfestigkeit garantiert. Die Stützweite der Brücke beträgt 450 mm.

Oben: Es müssen nicht immer gegossene Gipsplatten sein, wenn auf der Anlage mit dem Baustoff Modellgips gearbeitet wird. Das im Bild gezeigte Widerlager mit schrägen Stützmauern entstand aus einem Sperrholzkörper (4mm dick) und einem Überzug aus Modellgips. Zur besseren Haftung der dünnen Gipsschicht auf dem Holzkörper wurde eine Trägerschicht aus altem Gardinentüll dazwischen geleimt. Das Ritzen der Fugen geschah mit einem Stichel, die Bemalung mit Wasser- oder Plakatfarben.

Unten: Spezielle Widerlagerkonstruktionen hat der Düsseldorfer Hersteller von Silikonkautschuk-Formen, Klaus Spörle, nicht im Angebot. So wurde das dargestellte Widerlager mit geraden Flügelmauern aus Gipsplatten gefertigt, die aus dem reichhaltigen Mauerangebot zur Verfügung standen. Dabei muß besonders an den Ecken auf gute Übereinstimmung des Fugenverlaufs geachtet werden. Zur Not hilft hier ein dünner Gipsauftrag, um danach an diesen Stellen die Steine nachzuritzen. Die Formen für die Abdeckplatten sind Bestandteil weiterer Formen aus dem gleichen Sortiment.

51

Oben: Dreimal Tunnelquerschnitt einer eingleisigen Strecke in der Nenngröße H0. Grundkörper für alle drei Konstruktionen ist 4 mm dickes, wasserfestes Sperrholz. Dabei wurde für die linke Halbkonstruktion Mauerwerkspappe von Vollmer verwendet. Für die Bogenleibung mußte ein gesondertes Bauteil aus Zeichenkarton geschnitten und bemalt werden. Die Mauerwerksschicht auf der mittleren Portalhälfte besteht aus Heki-dur-Platten. Auch hier mußte für die Leibung ein gesondertes Teil angefertigt werden. Die rechte Portalhälfte wurde mit einem Gipsüberzug versehen, in den das Mauerwerk mit einem Stichel eingraviert wurde.

Unten: Stets eine Herausforderung für den Modellbauer ist die Nachgestaltung besonderer, beim Vorbild vorhandener Brücken. Die im Bild gezeigte stählerne Bogenbrücke mit aufgeständerter Fahrbahn ist eine Nachbildung der berühmten Wuppertalbrücke bei Müngsten. Das Modell steht auf der H0-Gemeinschaftsanlage des MEC Meißen. Wenn auch Stützweite und -höhe drastisch verkürzt werden mußten, so stellt das Modell trotzdem eine Meisterleistung des Modellbaus und der »Lötkunst« dar.

Ein Modellbahnausschnitt wie aus einem Bilderbuch! Die liebevolle Landschaftsgestaltung und die fachlich gute Umsetzung z.B. der Fachwerk-Kastenbrücke ins Modell besorgten die »Freunde der Eisenbahn e.V. Burscheid«, wie sich dieser Club nennt. Als Anregung zur Nachgestaltung findet man viele Details wie das Gewässer oder die Schutznischen an der Brückenfahrbahn.

Oben: Diesem Motiv einer Bahnkreuzung mit Hilfe von Fachwerkbrücken sieht man die Nenngröße nicht an: Es entstand auf der 0-Anlage des MEC Neusäß. Vorbildgetreu wurde der Brückenüberbau für das im Bogen liegende Gleis gerade verlegt. Und weil dabei zwei Hauptträger nicht ausreichen, wurde noch ein dritter mittig eingezogen. Neben der Brückenkonstruktion ist die Gestaltung des Zwischenbahnsteigs ohne Bahnsteigkante beachtenswert.

Unten: Vom Altmärkischen Salzwedel bis zur Elbestadt Wittenberge verläuft eine Eisenbahnlinie, die im Volksmund »Apfelbahn« genannt wird. Der MEC Seehausen gestaltete diese auf seiner TT-Modul-Anlage nach. Die Brücke über das Flüßchen Aland ist ein besonderer Blickfang. Die beiden Fachwerkbrücken wurden bis ins Detail aus Messingprofilen nachgebildet und mit Alterungsspuren (siehe Rostflecke auf der Fahrbahn) versehen.

Oben: «Ob der gelbe Post-LKW auch durch die Brückenöffnung paßt?». So möchte man beim Betrachten dieses Bildes fragen. Natürlich hat der Leser längst entdeckt, daß die Warnanstriche an der Bogenöffnung fehlen. Ansonsten aber ist die Nachbildung dieser Brücke eine besondere Modellbauleistung, die bereits schon durch die Wahl der Konstruktion begründet ist. Wenn es auch etwas seltsam aussieht, die profane Erneuerung der Fahrbahnwanne aus Stahlbeton über dem altehrwürdigen Mauerwerk ist Brückenbau-Alltag.

Unten: Wer hätte das gedacht? Das Diorama, von dem dieses Fotomotiv stammt, ist nur 80 cm breit!
Extra, um diese Schlucht mit ihrer kühnen Brückenüberquerung und den beiden Tunneleinfahrten darstellen zu können, wurden aus Gips zwei gewaltige Felswände errichtet und gekonnt als Hochgebirgsmotiv gestaltet.

Es gab Zeiten, da wurde das Wort »Viadukt« in »Talbrücke« eingedeutscht. In diesem Falle trifft dieses Wort auch besser den Charakter eines Bauwerks, das auf der Anlage der Modellbahngemeinschaft des Bw Dresden-Altstadt steht. Freilich brauchen solche Brücken auch im Modell Raum und Weite, die in der Regel nur eine Gemeinschaftsanlage bieten kann.

«Über eine Lücke lieber eine Brücke». Dieser Schüttelreim fällt einem beim Betrachten des hier ausgewählten Bildmotivs ein. So mochte auch Andreas Ehnert aus Krauschwitz, gedacht haben, als er seine heimatliche Muskauer Waldeisenbahn als Vorbild für seine Anlage auswählte. So winzige Brücken über die zahlreichen Nebenarme der Spree sind charakteristisch für den unteren Spreewald und die ihn durchquerende Waldeisenbahn.

Wenn auch die im Bild dargestellte Anlage einen etwas nüchternen Eindruck macht, so ist doch die, das Motiv bestimmende, Tunnelausfahrt mit anschließender Fachwerkbrücke bemerkenswert. Bemerkenswert deshalb, weil der interessante Turmanbau an der linken Portalhälfte die freie Ecke harmonisch ausfüllt und gleichzeitig die Fortsetzung der Stützmauerkonstruktionen in der darunterliegenden Ebene ermöglicht.

Das Vorbild für dieses Motiv könnte in Thüringen oder im Harz sein. Neben dem Umbau eines Piko-H0-Triebwagens auf die schmalere 12 mm Spur (TT) soll besonders auf das verrußte Tunnelportal hingewiesen werden. Wie zu sehen ist, können auch mit bedruckten Kartonplatten ansprechende Modellbauten gestaltet werden.

2.2 Überführungsbauwerke

Definition: Überführungsbauwerke sind Brücken, deren Besonderheit darin besteht, daß die sich kreuzenden Gleise unter extrem spitzen Winkeln verlaufen. Brückenbautechnisch sind Überführungsbauwerke massive Rahmenbrücken.

Oftmals müssen parallel aus dem Bahnhof herausführende Gleise einander kreuzen, da sie in jeweils unterschiedliche Richtungen verlaufen. Niveaugleiche Kreuzungen sollten dabei möglichst vermieden werden. Obwohl die sicherungstechnischen Anlagen einer solchen Kreuzung sehr aufwendig sind, besteht trotzdem immer die Gefahr von Flankenfahrten. Auch die oberbautechnischen Lösungen werden relativ kompliziert, besonders dann, wenn der Kreuzungswinkel klein und damit die führungslosen Stellen im Kreuzungsbereich gefährlich groß zu werden drohen.

Die Errichtung eines Kreuzungsbauwerkes anstelle einer niveaugleichen Kreuzung ist natürlich auch sehr teuer, doch sprechen die Vorteile einer solchen Lösung in zwei verschiedenen Ebenen fast immer für ein derartiges Bauwerk. Die sich kreuzenden Strecken sind betrieblich unabhängig und der Kreuzungswinkel kann entsprechend der zweckmäßigsten Linienführung gewählt werden. Überführungsbauwerke sind vorwiegend in Bahnhöfen und in Bahnhofsvorfeldern anzutreffen. Sie können ein- oder mehrgleisig sein.

Bautechnisch sind Überführungsbauwerke Zwischenlösungen zwischen Tunnel und Brücke. Ihre Konstruktionen sind sehr vielfältig und reichen von der einfachen rechtwinkligen Durchfahrt bis zur mehrgleisigen Unter- oder Überführung mit extrem kleinen Kreuzungswinkeln, so daß die Durchfahrt für den Reisenden schon fast einer Tunneldurchfahrt ähnelt. Grundsätzlich sind sie aber massiv ausgeführt, d.h. aus Bruchsteinen bei älteren Anlagen oder Beton bei neueren Anlagen (Bauwerke ab Epoche III). Wegen der zumeist spitzwinkligen Kreuzung der beiden Fahrwege sind beiderseits der eigentlichen Brücke sehr lange Stützmauern notwendig, die treppenförmig ansteigen, wenn das zu überführende Gleis von der gleichen Ebene kommt wie das zu kreuzende Basisgleis. Um die Durchfahrt nicht allzu »tunnelförmig« zu gestalten, werden die Stützmauern oft durchbrochen, so daß – ähnlich wie bei einer Lawinengalerie – Tageslicht in die Wagen des unten fahrenden Zuges fallen kann.

Einspuriges Überführungsbauwerk über eine zweigleisige Strecke (Berliner S-Bahn) in Betonbauweise.

2.3 Stützmauern und Hangverbauungen

Definition: Stützmauern stützen Erdkörper ab, deren Hangneigungen steiler sind, als es ihren natürlichen Böschungswinkeln entspricht.

Gemäß dieser Definition haben Stützmauern eine statische Funktion. Die den Stützmauern ähnelnden Futtermauern haben hingegen keinen Erddruck aufzunehmen. Vielmehr sollen sie den hinter ihnen stehenden, an sich standfesten Boden (z.B. Fels) vor Verwitterung schützen. Die häufigsten Formen von Stützmauerkonstruktionen sind Trockenmauerwerk aus Bruchsteinen, Mörtelmauerwerk sowie Beton- und Stahlbetonwände. Entsprechend ihrer Belastung unterscheidet man in Leichtgewichts- und Schwergewichtsmauern.

Leichtgewichtsmauern nehmen den entstehenden Erddruck mittels ihrer Eigenmasse und ihrer Neigung auf. Typische Leichtgewichts-Stützmauern sind die sog. »Trockenmauern«. Sie bestehen aus einzelnen Bruchsteinbrocken, die ohne Bindemittel verlegt werden. Die Stabilität wird dabei durch die Verzahnung der scharfkantigen Steine, die Tiefe der gepackten Lagen (Masse) und die Neigung der Mauer erreicht. Wegen der fehlenden Mörtelbindung dürfen Trockenmauern nicht steiler als 3:1 ausgeführt werden. Die Regelneigungen

«Zyklopenmauerwerk» nennt man diese Form des Mauerbaus aus Natursteinen. Der obere Mauerabschluß (Sims) besteht hier aus einer bossierten Betonplatte. Diese Art der Oberflächengestaltung von Beton wird nachträglich mit Hammer und Bossiereisen angebracht.

Zu den leichtgewichtigen Stützmauern und -wänden gehören auch diese Wabenplatten. Nach der Dammschüttung schützen sie das Erdreich durch ihr Gewicht vor Erosionen und gestatten das »Durchwachsen« von Gräsern.

2.3 Stützmauern und Hangverbauungen

solcher Stützmauern liegen bei 1:1. Zu den Leichtgewichtsmauern zählt man auch Stützmauern aus Bruchsteinen in hydraulischem Mörtel. Sie haben aufgrund dieser Vermörtelung eine wesentlich größere Tragkraft als die Trockenmauern und können deshalb bereits mit Neigungen von 6:1 ausgeführt werden. Trotzdem zählen sie noch zu den Leichtgewichtsmauern, da sie keine Fundamente besitzen.

Die oftmals weit in den Baugrund reichenden Fundamente sind das Kennzeichen von *Schwergewichts-Stützmauern*. Wie der Name bereits ausdrückt, halten diese Mauern dem anstehenden Erddruck aufgrund ihres Gewichts (heute: Masse) stand. Sie werden im Gegensatz zu Leichtgewichtsmauern auf massiven Fundamenten errichtet. Theoretisch könnten diese Mauern senkrecht ausgeführt werden, doch aus ästhetischen Gründen und aus Gründen der Wasserführung an der Mauervorderfläche werden sie mit einer leichten Neigung zur Senkrechten (etwa 10:1) versehen. Lange Stützmauern werden in regelmäßigen Abständen von Pfeilern unterbrochen. Diese haben grundsätzlich statische Funktionen und verhindern hauptsächlich an gemauerten Wänden Ausbeulungen und Risse. Deshalb sind die Vorderflächen der Pfeiler meistens stärker geneigt als die Grundneigung der Stützmauer. Kammern und Blindbögen in den Flächen der Stützmauer zwischen den Pfeilern dienen dem gleichen Zweck. Die bautechnische Erkenntnis, daß gegliederte Flächen wesentlich stabiler sind als glatte, hat gerade beim Bau von Stützmauern oft zu wahren Kunstwerken im Eisenbahnbauwesen geführt.

Ein Musterbeispiel, großflächige Stützmauern durch Nischen und Vorsprünge aufzulockern. Beachtenswert ist auch die Dehnungsfuge links im Bild. Ein gutes Vorbild für das Stoßen von Mauerplatten im Modell.

Kilometerweit ziehen sich die offenen Arkaden der rekonstruierten Berliner S-Bahn-Bögen durch die Stadt. Neben den ausbetonierten Bogenöffnungen ist besonders die auf einem vorgesetzten Pfeiler installierte Signalbrücke beachtens- und nachahmenswert.

Bekannteste Beispiele dafür sind die auf Stützmauern geführten Eisenbahntrassen in einigen Großstädten, wie Berlin und Dresden. Hier wurden die Schwergewichtsstützmauern aus Stahlbeton an der senkrechten Vorderseite mit Mauwerk (oftmals Klinker) kunstvoll verblendet. Die Hohlräume dienen als Gewerbe- oder Lagerräume.

Weil gemauerte Wandkonstruktionen gegen das Eindringen von Nässe und Feuchtigkeit geschützt werden müssen, haben alle Stützmauern an der Oberkante stets einen Abschlußsims. Ob dieser aus Ortbeton, Betonfertigteilen, Platten oder Ziegelrollschichten besteht, ist konstruktiv unterschiedlich. Dach- oder pultförmige Gestaltungen sind üblich und an den Simsenden befinden sich überstehende Tropfnasen. Um das von der Stützmauer fließende Regenwasser abzuleiten, befinden sich am Fuße der Mauern Abflußgräben. Oftmals sind diese Gräben auch gleichzeitig Bahngräben für das daneben befindliche Gleis. Extrem hohe Stützmauern, wie sie z.B. im Hochgebirge oder an Stauwehren anzutreffen sind, müssen auch Einrichtungen besitzen, um das sich hinter der Mauer ansammelnde Grund- und Tiefenwasser abzuführen. Das geschieht meist durch Rohrausläufe, deren Lage häufig durch sichtbare Wasserspuren auf der Maueroberfläche zu erkennen ist.

Lawinenschutzwände sind eine besondere Art von Stützmauern bei Hochgebirgsbahnen: Sie werden besonders über Bahnanlagen am Fuße großer Berghänge angebracht und schützen die Gleise vor Verschüttungen durch Geröll- oder Schneelawinen. Dazu werden die Stützmauern tunnelartig erweitert und mit einem Dach sowie Außenwänden versehen. Das Hauptbauteil ist dabei das Dach der Lawinenschutzgalerie, denn hier werden die Hauptlasten der abstürzenden Massen aufgenommen. Deshalb ist die Dachfläche einseitig stark geneigt. Die das Dach außen abstützende Wand ist oft mit bogenförmigen Öffnungen versehen.

2.4

Kunstbauten auf Modellbahnanlagen

Neben den Brücken sind unter den sonstigen Kunstbauten die Tunnel die beliebtesten Nachbildungen auf der Modellbahnanlage.

Häufig sind die Geländeoberflächen vieler Modellbahnanlagen stark in Berg und Tal gegliedert, so daß das Anlegen von Geländedurchdringungen geradezu zwingend notwendig erscheint. Viele Modelleisenbahner wollen dann an dieser Stelle einen Tunnel bauen, obwohl bei einer geringen Überdeckung (z.B. nur zwei Meter beim Vorbild) das Anlegen von Einschnitten wesentlich vorbildgetreuer ist und das Landschaftsbild der Anlage entscheidend mehr belebt, als das Aufstellen von Tunnelportalen. Es gehört zu den Besonderheiten der Modelleisenbahn, daß eigentlich nur die Tunnelportale auf der Anlage dargestellt werden, während die Tunnelröhre an sich, die beim Vorbild

Auf die richtigen Proportionen kommt es an. Tunnel wirken am überzeugendsten, wenn eine entsprechend hohe Bergüberdeckung vorhanden ist.

2.4 Kunstbauten auf Modellbahnanlagen

einen enormen Bauaufwand verursacht, im Modell überhaupt nicht gebaut werden muß.
Andererseits ist es für den Betrachter, besonders für Kinder, eine große Freude zu beobachten, wie erst die Lichter erscheinen und dann schließlich die Lok mit ihrem Zug aus der schwarzen Tunnelröhre ans Tageslicht fährt.
Trotzdem werden beim Anlegen von Kunstbauten (einschließlich der Brücken) die meisten Fehler gemacht. Grund dafür ist oft das Fehlen von Hintergrundinformationen über das Vorbild und einer sachkundigen Anleitung zum Nachbau solcher Konstruktionen.
Über eines sollte sich der Modellbauer aber von Anfang an im klaren sein: Natursteine werden am besten durch echte Steine, Holz am besten durch Holz und Beton am besten durch Beton nachgebildet. Natürlich hat diese These ihre (sehr engen) Grenzen und so werden meistens einfacher zu bearbeitende Baustoffe wie Gips, Kunststoff, Sperrholz und Pappe verwendet.

2.4.1 Tunnelbauten im Modell

Das Anlegen von Tunnels auf der Modellbahn erscheint besonders vorbildgetreu beim Durchführen von Gleistrassen durch Wände, Hintergrundkulissen und durch hohe Berge. Ist nicht genügend »Deckgebirge« vorhanden, etwa bei der Weiterführung der Trasse unter einem höher gelegenen Bahnhof, sollte man ein Überführungsbauwerk simulieren und dem Tunnelmund die entsprechende Gestaltung verleihen. In allen anderen Fällen ist das Anlegen eines Einschnitts eher zu empfehlen, als das eines unglaubwürdigen Tunnels.
Drei Prämissen sollte man beim Bau eines Tunnels beachten:

1. Die Gestaltung des Tunnelportals sollte der gesamten Anlage entsprechen.
2. Die Abmessungen der Tunnelöffnung sollten möglichst den Festlegungen der Normen europäischer Modelleisenbahnen (NEM 105) entsprechen.
3. Die Fortführung des Tunnelgewölbes im Inneren sollte mindestens so weit erfolgen, wie man in den Tunnel hineinsehen kann.

Tunnelportalgestaltung
Die Zubehörindustrie hat eine große Vielzahl von Tunnelportalen im Angebot. Die Palette reicht von pompösen Bruchsteinmauerwerksgebilden mit Zinnen, Erkern und Türmchen bis zur schlichten »Lochöffnung« für die Feldbahn. Wichtig ist bei der Auswahl der Bauwerke, daß das Portal architektonisch zum Charakter der Anlage paßt. Ein aufwendig gestaltetes Granitportal paßt nicht auf eine Anlage mit ländlichem Charakter und eine Dampflok nicht in eine »ICE-Röhre«.
Die meisten handelsüblichen Tunnelportale der verschiedene Nenngrößen bestehen aus gespritztem Kunststoff. Bei diesen Portalen beschränkt

Eine kleine Auswahl aus dem großen Sortiment handelsüblicher Tunnelportale zeigt dieses Bild. In der vorderen Reihe sind von links nach rechts zu sehen: Tunnelportal (zweigleisig) aus Styroplast von Merkur, zweigleisiges Tunnelportal von Vollmer und ein eingleisiges Tunnelportal von Noch. Von gleichem Hersteller kommt auch die darüberliegende zweigleisige Tunneleinfahrt. Die mit Zinnen und Türmchen verzierten zweifarbigen Tunnelportale stellt Faller her und das Tunnelportal von einer ICE-Strecke hat Busch im Programm.

Perfektes aus Gips. Eine ganz individuelle Tunnelgestaltung mit ausgezeichneter Detaillierung ermöglichen die Silikonkautschukformen aus der Werkstatt Spörle. Zu dem Formensatz »Tunnel« gehören die Formen für das dargestellte Portal und die Tunnelröhre mit Schutznischen. Die Anfertigung ist nach anfänglichen Übungsstücken mit Hilfe der Gips-Abformtechnik kinderleicht. Formen für Stützwände sind in großer Auswahl und unterschiedlichen Mauerstrukturen im Spörle-Sortiment.

Mit einem Tunnel durch die Wand. Für die Durchfahrt einer Gartenbahn in der Nenngröße II durch eine Hauswand schuf der Erbauer diese Betonröhre, die er mit einem selbstgestalteten und gegossenen (Beton) Portal versah.

sich die Nachbehandlung auf das Verwittern des Mauerwerks und das Anbringen von Gebrauchsspuren, wie Ruß am Tunnelscheitel bei Dampf- und Diesellokbetrieb, sowie das Aufstellen von Schildern und Signalen. Außerdem können Mauerwerksverzierungen ggf. entfernt oder zusätzliche angebracht werden. Wichtig ist, daß dem Modell der plastikhafte Glanz genommen wird, was man am besten mit Acrylfarben oder mit Farben aus speziellen Verwitterungs-Sets (z.B. Faller) erreicht.

Für diejenigen Modellbauer, die ihre eigene Portalgestaltung bevorzugen, hier eine kurzgefaßte Bauanleitung:

Die Herstellung erfolgt nach dem Abformverfahren, wofür zunächst ein Urmodell hergestellt werden muß. Dieses Urmodell besteht aus einer 8 mm dicken Sperrholzplatte, aus der die Umrisse und die Tunnelöffnung mit der Laubsäge ausgeschnitten werden. Auf diese Platte werden nun die Natursteine aufgeklebt, die hier aus dünnen Schieferplättchen bestehen. Dazu werden von einer etwa 5 mm dicken Schieferplatte (Dach- oder Wandverschieferung) dünne Scheiben abgesplittert, die (mit der Laubsäge!) in ca. 4 x 7 mm große Plättchen zerschnitten werden. Beim Aufkleben der kleinen Plättchen mit wasserfestem Weißleim muß auf eine vorbildgetreue »Vermauerung« der Tunnelöffnung und des Mauerwerks geachtet werden. Das Ausfüllen der Fugen geschieht zunächst trocken mit feinem Staub oder Brikettasche. Danach wird diese Füllung mit dem vom Einschottern der Gleise bekannten Wasser-Leim-Spülmittel-Gemisch fixiert.

Zum Herstellen der Silikonform baut man dieses Urmodell so in einen stabilen Formkasten (8 mm Sperrholz) ein, daß ringsherum noch etwa 10 mm Platz ist. Dieser Formkasten muß sehr dicht sein,

2.4 Kunstbauten auf Modellbahnanlagen

da der Silikonkautschuk sehr dünnflüssig eingefüllt wird. Zuvor sollte man das Urmodell mit einem Trennmittel behandeln, damit es sich später gut ausformen läßt. Der Silikonkautschuk (z.B. Ebalta) muß in einem genau festgelegten Mischungsverhältnis mit dem Härter vermischt werden. Dazu wird eine mechanische Mischung mit einem Mischquirl (Schiffsmodellschraube an einer Stahlwelle) empfohlen.

Das Eingießen der Mischung in die Form muß mit äußerster Sorgfalt (keine Blasen) erfolgen. Die Silikonform darf ausgeformt werden, wenn sich ihre Oberfläche nicht mehr klebrig anfaßt. Nach gründlicher Durchtrocknung dieser Form (ca. 48 Stunden), darf schließlich erstmalig dünnflüssiger Gips für Probeabformungen eingegossen werden. Die Farbgebung und das Verwittern des Portals erfolgt schließlich mit Acryl- und Plakatfarben. Bei Dampflokbetrieb lassen sich Betriebs- und Rußspuren gut mit Hilfe einer brennenden Kerze oder eines angezündeten Gießastes aus einem Kunststoffbausatz nachgestalten. Danach sollte man allerdings das Portal nochmals mit farblosem Mattlack (Spraydose oder Airbrush-Pinsel) überziehen, da sich sonst die Rußspuren nicht lange halten.

Tunnelabmessungen

Wie bereits erwähnt, empfehlen die »Normen Europäischer Modellbahnen (NEM)« in ihrer Norm 105 »Tunnelprofile für Normalspurbahnen« Abmessungen und Konstruktionsformen, die den Abmessungen des Vorbildes weitgehend nahe kommen. Dennoch sollte man sie nicht ungeprüft auf seine Anlage übernehmen, denn nicht zu allen Zeiten haben sich die Modellbahnhersteller kompromißlos an die Umgrenzungen des lichten Raumes (Regellichtraumprofil) nach NEM 102 und 103 gehalten, die schließlich den Tunnelabmessungen zugrunde liegen. Das kann besonders auf Modellfahrzeuge aus älterer Produktion zutreffen. Auch enge Bogenradien, größere Gleisabstände als die, die in der NEM 112 empfohlen werden und Neigungswechsel im Bereich der Tunneleinfahrt können die freizügige Nutzung des konstruierten Tunnelquerschnitts stark einschränken.

Deswegen wird empfohlen, die nach NEM 105 konstruierte Tunnelöffnung zunächst auf Karton zu übertragen und auszuschneiden. Wenn diese, probeweise an der vorgesehenen Stelle aufgestellte Schablone von allen, auch den längsten Fahrzeugen problemlos passiert wird, kann man sie als Grundlage des folgenden Tunnelbaus nehmen. Vorbildgetreu ist es ebenfalls, wenn die Modellbahnstrecke zum Tunnelportal hin leicht ansteigt, weil diese Steigung auch beim Vorbild zur Entwässerung des Tunnels angelegt wird.

Die Konstruktion der Tunnelquerschnitte ist nach der angeführten NEM nicht schwer. Zur Konstruktion verwendet man am besten ein Geodreieck sowie einen Zirkel mit gut gespitzter Mine. Begonnen wird immer an der Mittellinie K-L. Das für die Konstruktion des eingleisigen Gewölbetunnels erforderliche Maß B1 entnimmt man der NEM 102 (Umgrenzung des lichten Raumes), das für die Erweiterung E erforderliche Maß der NEM 103. Dasselbe trifft auch für die Konstruktion des zweigleisigen Gewölbetunnels zu, wo wiederum

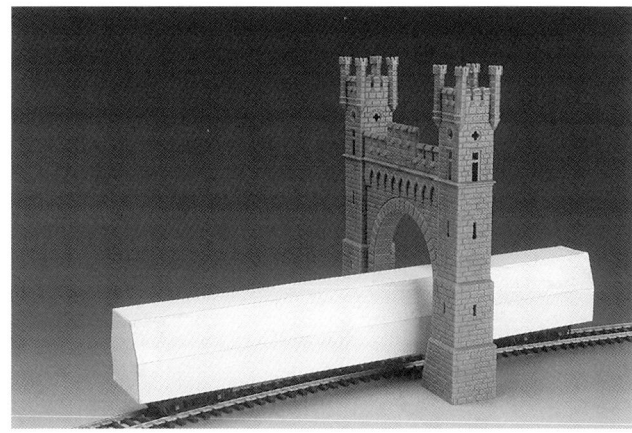

Die Einhaltung des Regellichtraumprofils ist besonders bei der Tunnelaufstellung im Bogengleis wichtig. Nicht nur für diesen Zweck, sondern auch für die Überprüfung einer Reihe von anderen Engstellen im Gleis hat sich die Anfertigung eines Profil-Meßwagens (Fahrzeugbegrenzungs-Profil nach NEM 301, längster Drehzapfenabstand lt. Wagenhandbuch) bewährt. Das Tunnelportal stellt Faller her.

die Maße B1 in der NEM 102, E in NEM 103 und der Gleisabstand A in NEM 102 zu finden sind.

Tunnelgewölbe
Die teilweise Fortführung des Tunnelgewölbes hinter dem Tunnelportal wird immer wieder empfohlen, und zwar nicht nur aus Gründen der vorbildgetreuen Tunnelgestaltung bei möglicher Einsicht in die Röhre, sondern auch wegen der Geräusch- und Lichtdämmung. Von einer Tunneleinfahrt beim Vorbild ist man gewöhnt, daß die Lokomotive in die Finsternis eintaucht und damit für den außenstehenden Betrachter auch schlagartig die Geräusche leiser werden. Deshalb sollten auch beim Modell die Fahrgeräusche im Tunnel durch eine Röhre (und evtl. sogar durch übergelegte Schaumstoffstreifen) gedämpft werden. Um diesen Kontrast noch wirksamer zu gestalten, kann man sogenannte »Klapperstellen« einrichten. Das sind Kerben, die unmittelbar hinter dem Tunnelportal in die Schienenköpfe eingefeilt werden. Da der Abstand dieser Kerben dem der Achsabstände in den Drehgestellen der Modellwagen entspricht, fallen jedesmal beide Achsen der Modellwagen in diese Kerben und erzeugen so das charakteristische »Klack - Klack« einer Zugfahrt. Diesen Effekt kann man durch Befestigen eines Resonanzkörpers (Zigarrenkiste) unter der Tunneleinfahrt noch verstärken.

Für die Weiterführung der Tunnelröhre bei Tunneln, die im Anlagenhintergrund liegen, mag die Verwendung von Dekorplatten aus Karton ausreichend sein, für Tunnels jedoch, die in unmittelbarer Nähe des Betrachters liegen, empfiehlt sich die Nachgestaltung der Tunnelröhre aus Gips. Dazu kann Fliegengitter in Formspanten genagelt oder getackert und anschließend dicht mit Gips bestrichen werden. Nach Erhärten der Gipsschicht können mit einer Reißnadel Fugen in die Tunnelinnenwand eingeritzt werden. Eine elegante Lösung bietet die Firma WOODLAND SCENICS an, die in ihrem Sortiment eine »Tunnel-Liner-Form« hat. Das Ausgießen dieser Silikonkautschukform liefert jeweils Tunnelröhrenhälften, die zusammengeklebt beliebig lange Innenwände ergeben.

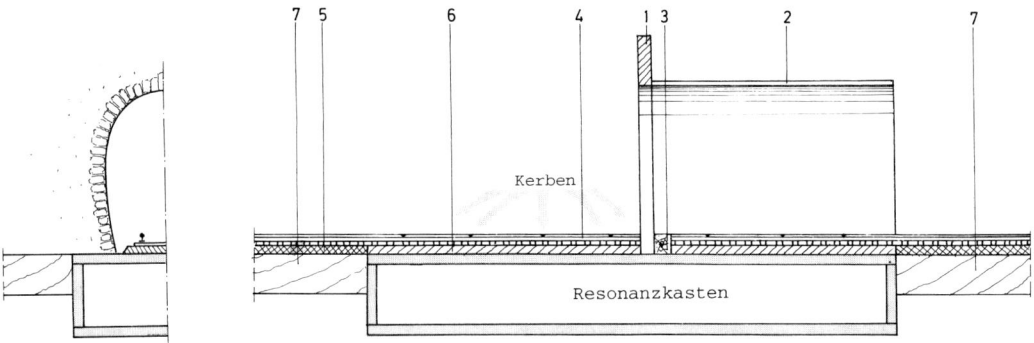

Oben: Akustisches in der Tunneleinfahrt. Während das Gleis (4) im übrigen Bereich auf schalldämmenden 5 mm dicken Zellkautschuk-Unterlagen (5) verlegt wurde, besteht der Bettungskörper im Resonanzbereich aus 5-mm-Sperrholz (6). Der Resonanzkasten aus 4 mm dicken Sperrholz ist in das Trassenbrett (7) eingeklinkt. Tunnelportal (1), Tunnelröhre (2) und Montageklötzchen (3) vervollständigen die Bauanregung.

Für das Tunnelinnere in H0 liefert die Fa. Spörle diese Silikonkautschuk-Form. Durch Zusammensetzen zweier Halbformen kann eine echte Tunnelröhre nachgestaltet werden.

2.4.2 Überführungsbauwerke im Modell

Da Überführungsbauwerke meistens aus Beton bestehen und auch in ihrem Äußeren keine »architektonischen Meisterwerke« darstellen, bietet sich die Herstellung aus Sperrholzplatten an. Dem kommen auch die schlichten Formen entgegen, denn Überführungsbauwerke sind in der Regel glattflächig und rechtwinklig. Um die ungehinderte Durchfahrt aller Modellfahrzeuge zu gewährleisten, empfiehlt sich – wie bei den Tunnelportalen – die Anfertigung einer Schablone aus Pappe und eine Probefahrt, besonders mit den längsten Fahrzeugen im Modellbahnbestand. Danach erfolgt der Rohbau des Bauwerks aus 5 mm dickem Sperrholz. Dieses sollte fünffach gesperrt und nachgewiesenermaßen wasserfest sein. Durch das nachfolgende Auftragen einer dicken Schicht Gips könnte es nämlich zum Verziehen der Sperrholzkonstruktion kommen. Da Gips hygroskopisch (Feuchtigkeit anziehend) ist, sollten die Sperrholzflächen vor der Beschichtung beiderseitig farblos lackiert werden. Wie Gips angemacht (angerührt) wird, ist allgemein bekannt: Immer den Gips ins Wasser schütten, nie umgekehrt! Günstig ist es, noch einen kräftigen Schuß Weißleim und eine kleine Prise Spülmittel beizugeben. Das verlängert zwar die Abbindedauer, erhöht aber die Elastizität der Gipsschicht, ihre Haftung auf dem Sperrholzkörper und verhindert Rißbildungen.

Wenn die aufgetragene Gipsschicht abzubinden beginnt, wird mit einem harten Rundpinsel senkrecht auf die Flächen gestoßen, so daß sich eine rauhe, putzähnliche Struktur ergibt. Wer die Flächen lieber als glatte Betonimitation gestalten will, muß die Gipsfläche in diesem Zustand mit einer glatten Klinge (Spachtel) und viel Wasser abziehen. Das leichte Eindrücken von schmalen Holzstreifen in die noch feuchte, glatte Fläche simuliert die Spuren von Schalbrettern und verleiht dem Modell noch mehr Vorbildtreue.

Überführungsbauwerke aus Bruchstein- oder Natursteinmauerwerk lassen sich auf ähnliche Weise herstellen, jedoch ist das Einritzen der Fugen in den Gips bei der Größe des Modells keine Kleinigkeit. Außerdem sollten Fugen in feuchten Gips eingeritzt werden, doch wer schafft schon das Ritzen der vielen Fugen in einer so kurzen Zeit?

Zu hervorragenden Lösungen kommt der Modellbauer mit der Verwendung von Mauerwerksplatten aus der Werkstatt Spörle. Diese als Bruchstein, Naturstein und Haustein im Handel befindlichen Gipsplatten sind kunstvoll graviert und lassen keine Wünsche an Vorbildtreue offen. Kniffelig wird die Weiterführung des Mauerwerks an und in den Ecken. Hier gilt es, sehr sauber zu arbeiten und beim Zuschneiden und Anschleifen der zerbrechlichen Gipsplatten vorsichtig zu sein. Mit Hilfe der hochflexiblen Kautschukformen ist jedoch das Nachgießen zerbrochener Wände überhaupt kein Problem.

2.4.3 Stützmauern im Modell

So vielfältig die Konstruktionen und das Aussehen der Stützmauern beim Vorbild sind, so vielfäl-

Eingleisiges Überführungsbauwerk mit Arkaden-Stützmauer. Die Einzelteile (Wände, Pfeiler und Fundamentplatten) wurden nach der bereits vorgestellten Abformmethode von Silikonkautschuk-Formen der Werkstatt Spörle aus Gips hergestellt. Diese Teile werden mit schnellabbindendem Weißleim verklebt. Gealtert wird am besten in verschiedenen Arbeitsgängen mit Wasserfarben.

Eine kleine Auswahl von handelsüblichen Stützmauern zeigt dieses Bild. Von oben nach unten sind zu sehen: Stützmauern aus Styroplast von Merkur, drei Stützmauerarten von Noch, eine von Faller und ein ausbaubares Arkadenstück von Brawa.

tig sind auch die Möglichkeiten ihrer Nachgestaltung im Modell. Leider stellt man bei der Betrachtung von Modellbahnanlagen sehr oft fest, daß von dieser Gestaltungsvielfalt nur selten Gebrauch gemacht wird. Dabei ist die Wahl der Ausgangsmaterialien eher von untergeordneter Bedeutung. Dem Modellbauer stellt der Handel eine große Auswahl an Dekorplatten aus Karton sowie an Mauerplatten aus Hartschaum, Styroplast und Kunststoff (zumeist Polystyrol) zur Verfügung. Es gibt kaum einen Zubehörhersteller, der keine solchen Halbzeuge für den Bau von Stützmauern im Angebot hat: Sauber bedruckte und geprägte Kartonplatten führen Faller, Noch und Vollmer, Mauerwerksplatten aus Hartschaum kommen von Noch, solche aus Styroplast von Merkur und Platten mit den verschiedensten Mauerwerksstrukturen aus Kunststoff haben Auhagen, Brawa, Busch, Faller, Kibri, Pola und Vollmer im Angebot. Diese Aufstellung ist sicherlich nicht vollständig, doch sie zeigt die Vielfalt der Angebote.

Einige Grundsätze sollte der Modellbauer aber auf jeden Fall beherzigen:

Öde Flächen an einer langen Stützmauer vermeidet man am einfachsten durch Pfeiler aus dem gleichen Mauerwerksmaterial. Die Pfeiler können parallelkantig oder konisch sein, ihre Vorderfront kann parallel zur Mauerfläche oder mit einer größeren Neigung verlaufen und schließlich können die Pfeiler bis zur Mauerkrone oder nur bis zu einer Teilhöhe der Mauer (fl, fi) reichen. Auch eine Kombination zwischen Pfeilern mit voller und teilweiser Höhe ist möglich. Weitere Gestaltungsmöglichkeiten sind die Anordnung von Bögen und Arkaden. Diese werden häufig als Blindbögen/-arkaden ausgebildet. Es entsteht eine Nische, indem das Mauerwerk in den Öffnungen um ein bestimmtes Maß (etwa 500 mm beim Vorbild) zurückgesetzt wird. Die Oberkanten der Öffnungen können halbkreisförmig, segmentbogenförmig oder gerade mit Vouten ausgeführt werden. Zu beachten ist in jedem Fall, daß alle diese Öffnungen mit entsprechenden Formsteinen (aufgeklebte Rechtecke aus Karton) eingefaßt sein müssen. Schließlich kann man die Wände der Nischen noch in einer anderen Neigung anordnen, als die des durchgehenden Mauerwerks, was ebenfalls zu Gestaltung der Stützmauer beiträgt. Weiterhin können lange Stützmauern durch Abtreppen oder Abschrägen ihrer Oberkante aufgelockert werden. Selbstverständlich muß diese Formgebung mit dem anschließenden Gelände übereinstimmen, d.h. auch die Hangneigung des Geländes muß flacher verlaufen als dort, wo die Stützmauer am höchsten ist.

Sichtbare Plattenstöße zeigen unschön die Stelle, an der zwei Mauerwerksplatten miteinander verklebt wurden. Dieser Makel kann einfach mit einem davorgesetzten Pfeiler verdeckt werden. Das bedeutet aber, daß das auch an den folgenden Stößen (im gleichen Abstand) erfolgen muß. Läßt sich ein Stoß beim besten Willen nicht vermeiden, sollte man wie folgt verfahren:

Bei *Mauerwerksplatten aus Pappe* sucht man sich auf beiden Platten in deren Randnähe geeignete Stellen, an denen sich das anschließende Mauerwerk optisch fortsetzt. An diesen Stellen werden die Platten entlang der Fugen abgeschnitten, so daß kammartige Schnittkanten entstehen. Hat man sauber gearbeitet, passen die Schnittkanten

2.4 Kunstbauten auf Modellbahnanlagen

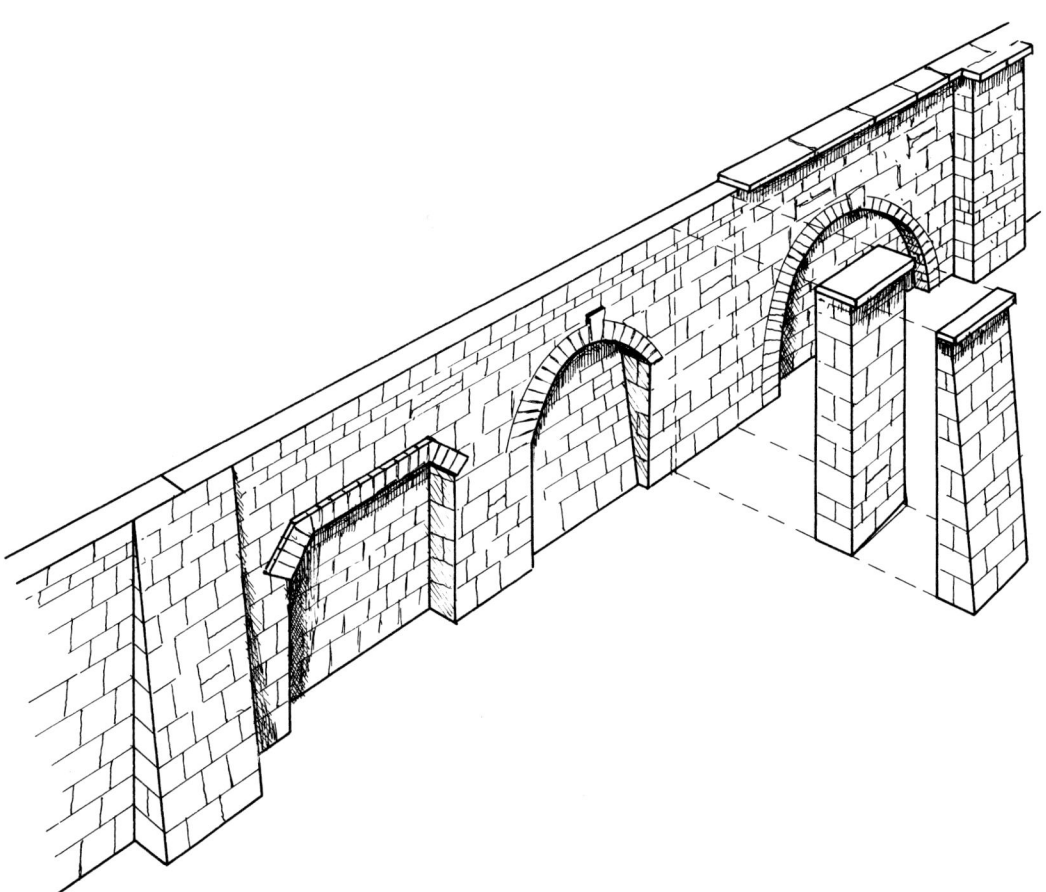

genau aneinander und kein Stoß ist zu sehen. Auch wenn die Verzahnung nicht hundertprozentig paßt, ist diese Lösung immer noch besser, als die Platten entlang einer gerade durchgehenden Schnittkante zu verkleben. Schließlich lassen sich die Fugenungenauigkeiten mit Spachtelmasse (Revell) und Farbe gut kaschieren.

Bestehen die *Mauerwerksplatten aus Kunststoff*, werden zunächst die beiden Stoßflächen absolut gerade geschliffen. Anschließend nimmt man ein scharfes Bastelmesser mit möglichst kurzer Klinge und schabt über einer scharfen Kante so viel von dem Kunststoff auf der Rückseite ab, bis nur noch eine ganz schmale Stoßfläche verbleibt. Diese Stoßflächen werden mit Plastikkleber eingestrichen und die Platten mit »dem Gesicht« nach unten auf eine Glasplatte gelegt. Kräftiges Zusammenpressen der Platten verringert den Klebespalt fast bis zur Unsichtbarkeit. Das Ausfüllen der rückseitigen Fuge mit dickflüssigem Pla-

Lange, gleichförmige Stützmauern sollte man auflockern. Hauptmethoden dafür sind die Anbringung von Blindarkaden mit Bogen-, Segment- oder gerader Oberkante sowie das Vorsetzen von Pfeilern der verschiedenen Formen. Die Mauerwerke bestehen aus Schaumstoffplatten, Kunststoffplatten oder aus bedruckten Pappen, die auf Sperrholz oder Modellbaupappe aufkaschiert werden. Wichtig ist auch hier wieder die Beachtung der richtigen Bogennachbildung und der Mauerabschlüsse.

stikkleber erhöht die Festigkeit des Stoßes. Nachdem der geklebte Stoß ausgehärtet ist (mindestens 24 Stunden), wird der übergequollene Kleber an der Sichtfläche mit dem Fingernagel vorsichtig abgekratzt und die Fuge mit einem Glashaar-Radierpinsel verschliffen. Dabei werden ganz feine Späne in die Fuge gerieben, was beabsichtigt ist. Wenn man sauber gearbeitet hat und das Mauerwerk anschließend farblich nachbehandelt (verwittert) wird, muß der Besucher schon sehr genau hinsehen, um die Fuge noch zu erkennen.

Daß Stützmauer-Nachbildungen aus Pappe nicht qualitätseinschränkend sein müssen, zeigt dieses Bild von einer TT-Anlage. Neben der sauberen Beherrschung des Baustoffs Pappe beeindruckt das Bauwerk durch die Gestaltung der Bogenleibungen und der Mauersimse mit einzeln ausgeschnittenen und aufgeklebten Steinen.

Wie bereits bei der Beschreibung der Stützmauern beim Vorbild ausgeführt wurde, muß jede Mauer einen oberen Abschluß haben, um Witterungsschäden auszuschließen. Die Formen und Gestalten dieser Abdeckungen oder Simse sind vielschichtig. Im Modell genügt als einfachste Variante ein Streifen der jeweiligen Mauerwerksplatte, der oben auf das Mauerwerk geklebt wird. Kibri hat solche Abdeckplatten gleich an die Plastikplatten des Mauerwerks angespritzt. Die Dicke einer Stützmauer ist normalerweise nur an ihrem oberen Abschluß bzw. an den Stirnflächen am Mauerende zu erkennen. Dem sollte man

Stöße von Schaumstoff- oder Kunststoffplatten sind oftmals schwer zu verdecken. Am einfachsten löst man dieses Problem durch des Vorsetzen von Pfeilern. Wenn das nicht möglich ist (z.B. bei Straßenplatten), muß man die Platten am Stoß v-förmig nach unten anfassen und mit dickflüssigem Kleber (z.B. UHU-allplast) satt verkleben. Die zusätzliche Verwendung von Aceton erleichtert das Eindringen des Klebers in die Klebefuge (rechts). Nach gründlicher Aushärtung beseitigt man den hervorgequollenen Kleber auf der Vorderseite und verschleift die Fuge mit einem Glashaar-Radierpinsel (links).

2.4 Kunstbauten auf Modellbahnanlagen

Von guten Beispielen kann man nie genug bekommen. Die hier gezeigte Stützmauer auf einer Märklin-H0-Anlage wurde aus Platten von Kibri errichtet und gekonnt gealtert.

Zur gekonnten Gestaltung von Stützmauern gehört neben der Beherrschung der Konstruktion und ihrer Ausführung auch die Darstellung von besonderen Details wie hier das Anbringen von Entwässerungsdrainagen aus dem umliegenden Gelände und die damit verbundene intensive Verschmutzung des Mauerwerks.

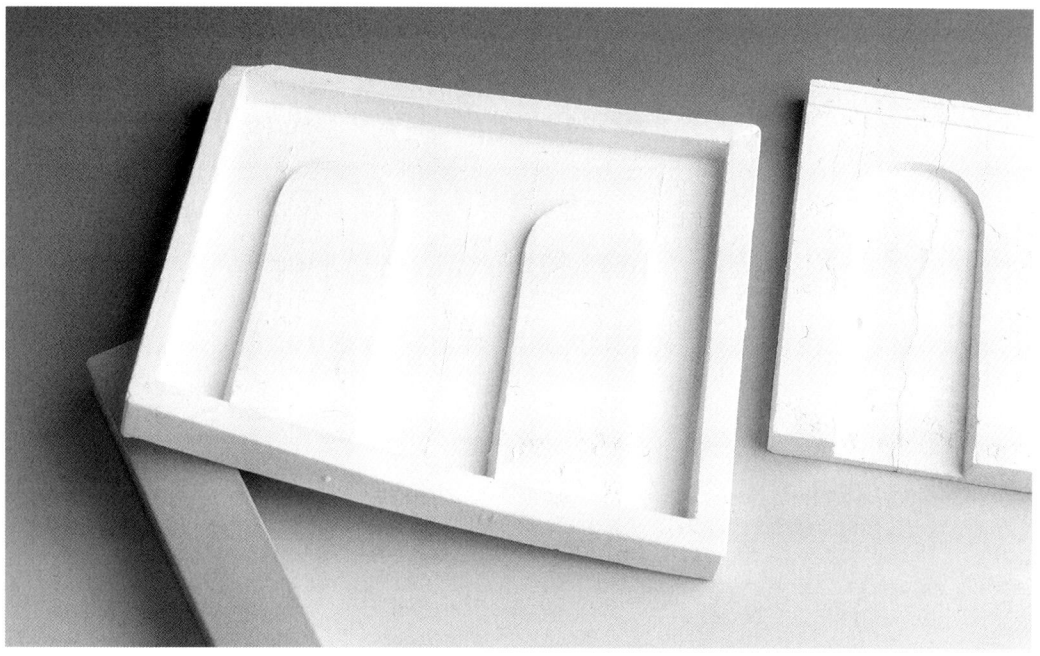

Eine einfache Technologie, die jedoch viel Feingefühl erfordert, ist die Abformtechnik mit Modellgips. Obwohl die Herstellung der Platten nur kurze Zeit dauert und die Kosten des Materials nur mit Pfennigbeträgen zu Buche schlagen, ist das Entformen Höhepunkt der nervlichen Anspannung, da hierbei das Modell am leichtesten zerbricht (siehe Bogen links). Klumpenfreies Anrühren des Modellgipses und gründliche Vorbehandlung der Form durch Flüssigkeitsverbesserer erhöht die Chancen auf Erfolg erheblich.

auch im Modell Beachtung schenken und diese sichtbaren Mauerbereiche mit entsprechenden Abmessungen versehen. Als Richtwert kann bei Stützmauern aus Trocken- und Bruchsteinmauerwerk

$$d = 1 + h/20$$

und bei Stützmauern aus Beton etwa

$$d = h/8$$

angenommen werden. (d = Dicke des Mauerwerks, h = Höhe der Stützmauer). Also sollten auch die Abdeckplatten eine entsprechende Breite haben.

Eine gute Lösung für die Gestaltung des oberen Mauerabschlusses sind entsprechend zugeschnittene Plastikstreifen von evergreen oder Plastruct. Hier werden die Fugen mit einer dünnen Reißnadel eingeritzt, was dem Bauwerk einen realistischen Eindruck verleiht. Auch die aufwendig gestalteten Simskonstruktionen, die besonders bei älteren Stützmauern noch anzutreffen sind, lassen sich gut mit dünnen Streifen aus dem evergreen-Programm nachgestalten. Für die Fußgestaltung der Modellstützmauern gilt, daß sie den Eindruck erwecken muß, als »wüchsen« diese aus dem Erdreich heraus. Das erreicht man mit einem starken Bewuchs an der Mauerwurzel, denn das an der Mauer ablaufende Regenwasser fördert das Wachstum von Sträuchern und Unkraut ganz entscheidend. Stützmauern in Einschnitten oder im oberen Bereich von Anschnitten (vergl. Bd. 2 der Reihe »Modellbahn-Werkstatt«: »Gleisbau auf Modellbahnanlagen«) benötigen an ihrem Fuß Entwässerungseinrichtungen, die oft mit den Bahngräben im Einschnitt identisch sind.

Das Thema »Stützmauern im Modell« kann nicht abgeschlossen werden, ohne über die Erzeugnisse von zwei Herstellern zu berichten, die besonders für Perfektionisten interessant sind: Die Werkstatt Spörle und die englische Firma Wiland. Während Spörle ein großes Sortiment an Silikonkautschuk-Formen zum Selbstgießen von Stützmauern, Pfeilern und Abdeckplatten aus Gips anbietet, bestehen die Mauerwerksnachbildungen von Wiland aus gepreßtem Steinpulver. Das Material läßt sich mit der Laubsäge sauber trennen und mit Modellbauklebern gut verkleben.

Beide Sortimente bestechen zwar aufgrund ihres vorbildgetreuen Aussehens und der exakten Strukturnachbildung, erfordern jedoch vom Modellbauer viel bastlerisches Geschick und ein Gefühl für naturgetreue Nachbildungen.

3
Tiefbauten der Eisenbahn

Nicht alle Bauwerke, die neben den Hochbauten auf Eisenbahngeländen angetroffen werden, zählen zu den Kunstbauten. Viele sind derart schlicht in ihrer Gestalt und in der Nutzung, daß kein Architekt auch nur einen Gedanken an ihre Gestaltung verschwenden würde. Die Rede ist von Bahnsteigen, Rampen, Ladestraßen, Prellböcken und vielen anderen Bauwerken und Einrichtungen, an denen oft achtlos vorbeigegangen wird. Dabei sind sie entscheidend für das Flair einer Eisenbahnanlage. Genaues Vorbildstudium (mit Kamera und Maßband) auf einem alten Bahnhofsgelände ist eine gute Grundlage für interessante und realistische Gestaltungslösungen.

3.1
Bahnsteige

Definition: Bahnsteige sind Anlagen der Eisenbahn, die das mühelose Ein- und Aussteigen von Reisenden in bzw. aus Reisezugwagen ermöglichen.

Wie tückisch die Interpretation dieser trivial klingenden Definition sein kann, soll noch erläutert werden. Zunächst gilt festzuhalten, daß Bahnsteige überall dort angelegt werden, wo Reisende in planmäßig haltende Züge ein- und aussteigen können, was somit für alle Bahnhöfe und Haltepunkte zutrifft.

Bahnsteigformen und -abmessungen
Bahnsteige werden entsprechend ihrer Lage zum Empfangsgebäude unterschieden in Hausbahnsteige, Zwischen- und Inselbahnsteige sowie in Außenbahnsteige.

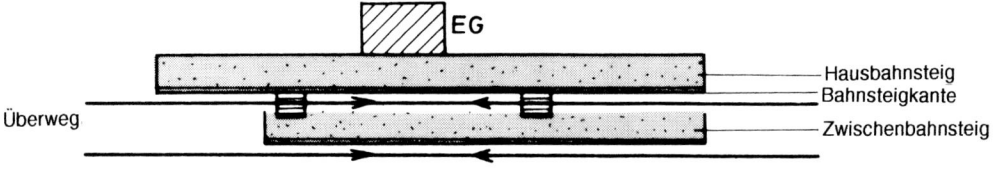

a)

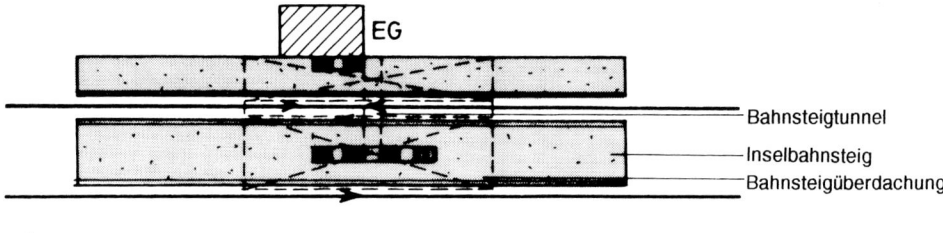

b)

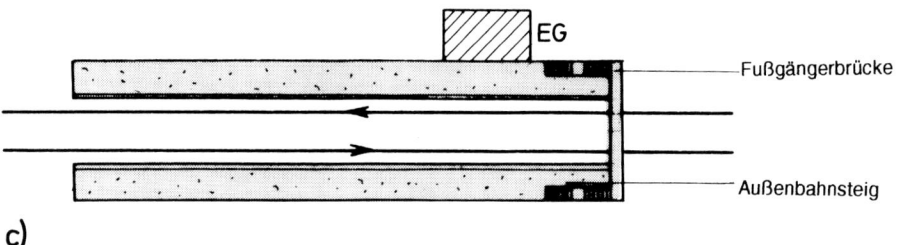

c)

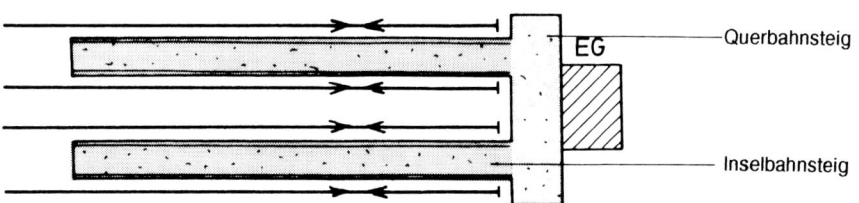

Hausbahnsteige sind unmittelbar vom Empfangsgebäude aus zu betreten und besitzen nur eine Bahnsteigkante. Liegt der Bahnsteig zwischen zwei Gleisen und hat auch nur eine Kante, wird er *Zwischenbahnsteig* genannt. In gleicher Lage, jedoch mit zwei Bahnsteigkanten ausgestattet, bezeichnet man ihn als *Inselbahnsteig*. Bei ein- und zweigleisigen Strecken nennt man das

Verschiedene Formen der Bahnsteiganordnung: Hausbahnsteig mit Zugang zum einseitigen Zwischenbahnsteig durch Überwege (a), Hausbahnsteig und Inselbahnsteig mit Zugang über Tunnel (b), Hausbahnsteig und Außenbahnsteig mit Zugang über eine Fußgängerbrücke (c) und Querbahnsteig mit Zugang zu verschiedenen Insel- und Außenbahnsteigen (d).

3.1 Bahnsteige

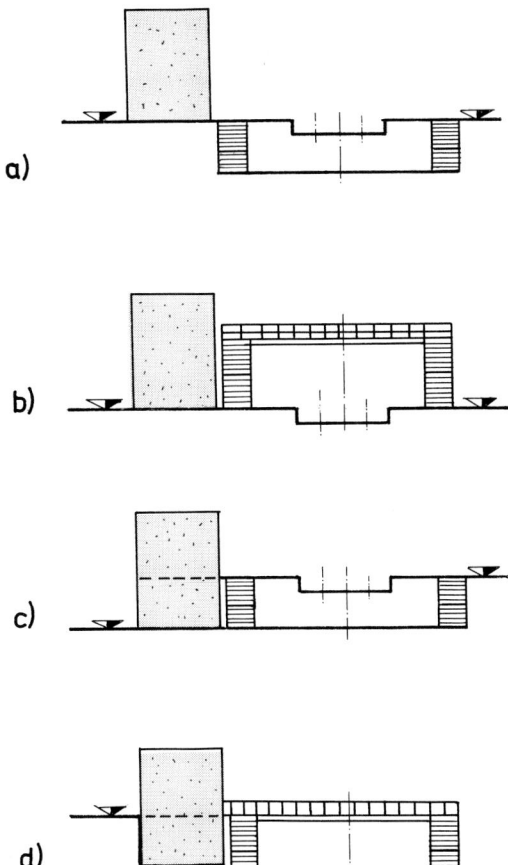

Nach der Höhenlage des Empfangsgebäudes (EG) zu der der Bahnsteige unterscheidet man: Gleichlage der Gleise mit Zugang durch Tunnel (a), Gleichlage der Gleise mit Zugang über eine Fußgängerbrücke (b), Hochlage der Gleise mit Zugang durch Tunnel (c) und Tieflage der Gleise mit Zugang über eine Fußgängerbrücke (d).

Gegenstück zum Hausbahnsteig *Außenbahnsteig*, der ebenfalls nur eine Bahnsteigkante besitzt. Haus- und Außenbahnsteig können auch zueinander versetzt angeordnet werden, was besonders von den Übergängen bzw. der Lage des Fußgängertunnels abhängig ist. Bei End- oder Zwischenbahnhöfen in Kopfform wird der alle Bahnsteige senkrecht zur Gleisachse verbindende Bahnsteig *Querbahnsteig* genannt. Beispiel für eine solche Bahnsteiganordnung ist der Leipziger Hauptbahnhof.

Bahnsteige können von den Reisenden durch Gleisüberschreitung, durch einen Bahnsteigtunnel oder über eine Fußgängerbrücke erreicht werden. Welche der genannten Möglichkeiten zur Anwendung kommt, hängt von mehreren Faktoren ab. So werden bei geringem Verkehrsaufkommen Gleisüberschreitungen auf Überwegen zugelassen. Diese einfache Form findet man besonders in ländlichen Gegenden, wo neben dem Hausbahnsteig nur noch ein Zwischenbahnsteig existiert. Die Konstruktion der Überwege kann aus hölzernen Bohlen, Altschwellen oder Betonfertigteilen bestehen. Zur Erhöhung der Sicherheit der Reisenden wird man das am Zwischenbahnsteig gelegene Gleis möglichst als durchgehendes Hauptgleis auslegen und das am Hausbahnsteig entlangführende als Überholungsgleis nutzen. Damit beim Kreuzen von Zügen beide versetzt stehen können, ist der Hausbahnsteig länger, (oft doppelt so lang), als der Zwischenbahnsteig.

Bei zweigleisigen Bahnen wird diese einfache Form der Gleisüberschreitung nicht mehr zugelassen. Hier sind grundsätzlich Bahnsteigtunnel oder Fußgängerbrücken vorzusehen. Nur in Ausnahmefällen (ältere Bahnhofanlagen) kann darauf verzichtet werden. Dann sind jedoch alle Zugfahrten betrieblich so abzusichern, daß keine Fahrt auf dem am Hausbahnsteig liegenden Gleis stattfindet, solange Reisende dieses Gleis überschreiten.

Die Höhenlage der Bahnsteige und des Empfangsgebäudes sind weitere maßgebliche Gestaltungsfaktoren. Dabei kommen Bahnsteigtunnel häufiger vor als Fußgängerbrücken. Bei letzteren richtet sich der zu überwindende Höhenunterschied nach dem Regellichtraum der Bahn, der bei elektrifizierten Strecken noch um den Oberleitungsaufsatz erhöht wird. Anders hingegen bei den Bahnsteigtunnels. Sie müssen theoretisch nur so tief sein, daß sie der längste Mensch passieren kann, ohne anzustoßen.

Bahnsteige

Alle Bahnsteige bestehen aus mindestens einer Kante, dem Erdkörper und der Oberflächenbefestigung. Für die Höhe der Bahnsteigkante über Schienenoberkante (SO) gibt es beim Vorbild bestimmte Festlegungen, die vom Regellichtraum beeinflußt werden. Früher betrugen diese Höhen 380 mm, 760 mm und 960 mm, wobei das letzte Maß nur für den S-Bahn-Verkehr zutreffend war. Später (etwa ab Epoche IV) wurden die Maße auf 300 mm, 550 mm und 960 mm verändert. Mit die-

Bei Bahnsteiglage im Bogen ist sowohl beim Vorbild auch auch beim Modell auf die Erweiterung des Regellichtraumprofils zu achten. Daß auch bei der Verlegung von Betonfertigteilen als Bahnsteigkante mancher Wackler zu sehen ist, zeigt das nebenstehende Bild.

sen einzelnen Höhen sind bestimmte unterschiedliche Gleisabstände verbunden, die aus der Form der Regellichtraumumgrenzung resultieren. So betrug früher die Regelhöhe der Bahnsteigkante 380 mm. Mit der Tieferlegung der Wagenkästen und der fast ausschließlichen Verwendung von Drehgestellen als Fahrwerk konnte dieses Maß auf 300 mm reduziert werden. Durch Arbeiten am Gleis und Witterungseinflüsse können sich Höhenlage und Richtung der Kanten im Laufe der Zeit verändern. Dabei darf aber der Regellichtraum nicht eingeschränkt werden. Diese Verschleißerscheinungen (z.B. schiefe und defekte Steine) sollten auch im Modell nachgestaltet werden.

Die Bahnsteiglänge wird beim Vorbild von der Länge der verkehrenden Reisezüge bestimmt. Auch auf der Modellbahnanlage sollte dieses Maß Ausgangspunkt für die Längenbestimmung der Bahnsteige sein. Oftmals lassen aber die Platzverhältnisse und die Gleisgeometrie keine vorbildgetreuen Lösungen zu, so daß ein Kompromiß nur auf der Basis der Verkürzung der Züge realistisch erscheint.

Die Bahnsteigbreite ist beim Vorbild recht unterschiedlich. Sie ergibt sich aus den Gleisabständen unter Berücksichtigung der vorgesehenen Bahnsteighöhen. Sollen Bahnsteige zwischen den Gleisen angelegt werden, so sind beim Vorbild mindestens 6000 mm Gleisabstand erforderlich. Dieses Maß reicht für Zwischenbahnsteige aus, ist jedoch für Inselbahnsteige mit Rücksicht auf Fußgängertunnel oder Fußgängerbrücken auf 7500 mm zu vergrößern. Auf größeren Bahnhöfen ist selbst dieses Maß noch zu knapp, so daß hier auf 9000 mm, 10.500 mm oder auf 13.000 mm erweitert wird. Auf solchen Bahnsteigen können sich eine Vielzahl von Einrichtungen, wie Aufsichtsbuden, Verkaufskioske oder Kleinstellwerke befinden. Als Mindesbahnsteigbreite wurde beim Vorbild 3000 mm festgelegt, allerdings ohne die Anlage eines Bahnsteigtunnels.

Die Bahnsteigkante hat die Aufgabe, den Erdkörper des Bahnsteigs an der Gleisseite sicher abzugrenzen und den Reisenden ein gefahrloses Einsteigen zu ermöglichen. Statisch wirken Bahnsteigkanten wie kleine Stützmauern. Früher waren Kanten aus Stampfbeton mit Kantensteinen aus Naturstein sehr verbreitet. Man baute aber auch Kanten aus Ziegel- oder Klinkermauerwerk und – meistens auf kleinen Nebenbahnhöfen und Haltepunkten – solche aus Altschwellen und Altschienenpfosten. Seit etwa Mitte der 60er Jahre verwendet man Kanten aus Betonfertigteilen.

Bahnsteigüberdachungen

Um die Reisenden vor Witterungsunbilden zu schützen, werden beim Vorbild Bahnsteigüberdachungen gebaut, die meistens nur einen Teil des Bahnsteigs überdecken. Konstruktionsformen und verwendete Materialien sind sehr unterschiedlich: So kennt man grundsätzlich ein- und zweistielige Konstruktionen, die aus Holz, Stahl oder Stahlbeton gefertigt sein können. Die Länge einer Bahnsteigüberdachung beträgt ein Mehrfaches der jeweiligen Binderabstände, die bei Holz- und Betonkonstruktionen etwa 6000 mm, bei stählernen Konstruktionen mindestens 9000 mm betragen. Die Regellänge ist 100 m, die Mindestlänge soll 60 m nicht unterschreiten. Die Breite ist

3.1 Bahnsteige

Die einfachste Form der Gestaltung von Bahnsteigkanten ist die aus Altschwellen. Der Bahnsteig (meistens ein Zwischenbahnsteig) besteht dann aus einer Erdaufschüttung mit einer Decke als sandgeschlämmte Schotterdecke. Nachahmenswert im Modell ist die Verklammerung der Schwellen untereinander.

Am Ende der Bahnsteige werden diese meistens auf das Niveau der Schienenoberkante (SO) abgesenkt, um das Auffahren von Wagen zu erleichtern. Die hier gezeigten Betonplatten als Kantenabdeckung sind auf der Oberseite mit einem besonders griffigen Noppenmuster versehen, um die Rutschgefahr bei Regen zu mindern.

Bahnsteigüberdachungen aus Holz können sehr urig wirken. Bei der Gründung der Holzpfosten in den Bahnsteigkörper werden häufig Fundamente aus Beton verwendet. Da im Übergangsbereich zwischen Luft und feuchtem Erdreich das Faulen der Holzkonstruktionen besonders begünstigt wird, ist eine solche Fundamentgründung angeraten.

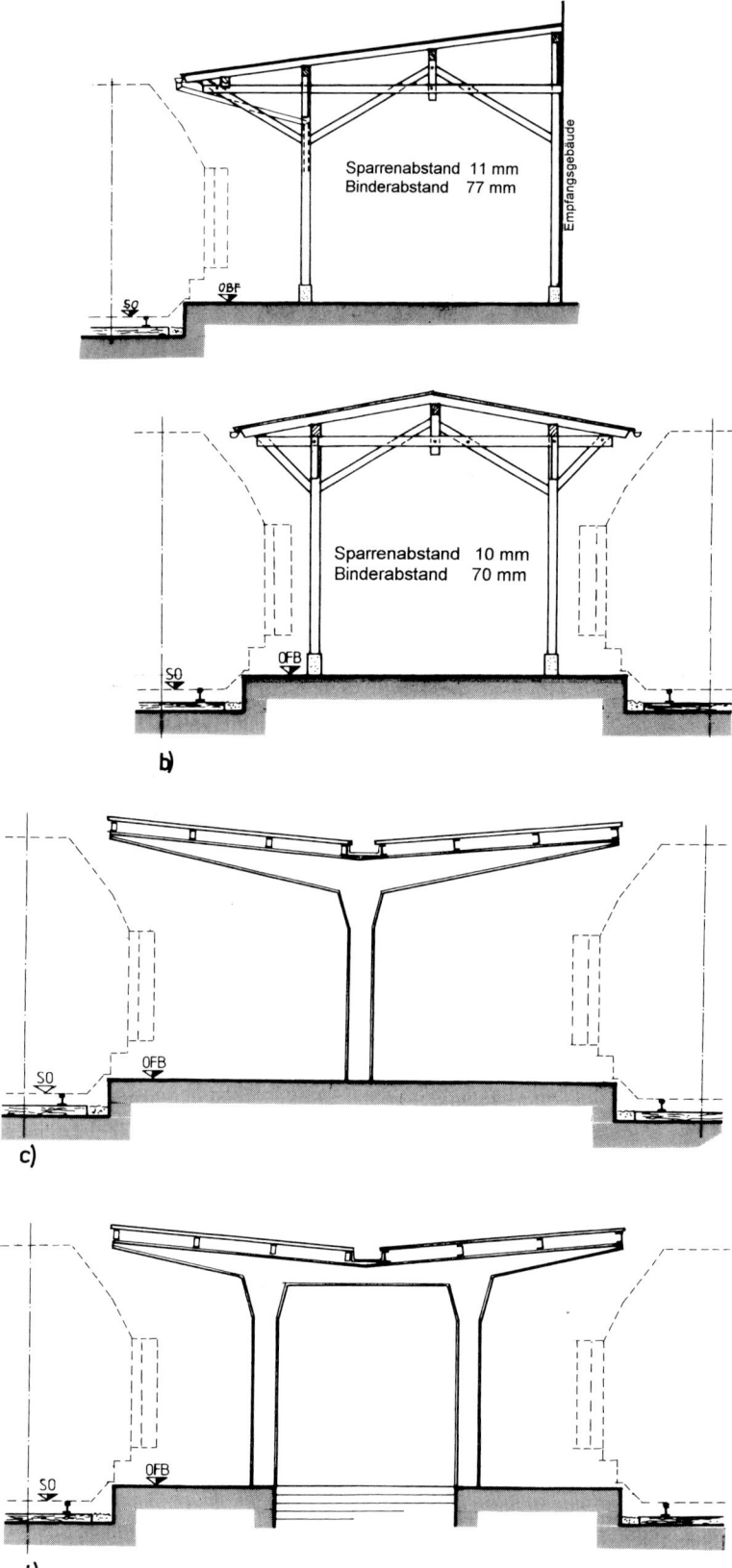

3.1 Bahnsteige

Holz- und Stahlkonstruktionen von Bahnsteigüberdachungen. Die zimmermannsmäßig abgebundene Konstruktion an einem Hausbahnsteig (a)) besteht aus zwei Stielreihen. Die Dachhaut ist als Holzschalung mit Dachpappeindeckung ausgeführt. Auch die Holzkonstruktion auf einem Inselbahnsteig (b)) steht auf zwei Stielreihen. Die einstieligen (c)) und zweistieligen (d)) Binderformen aus rostfreiem Stahl sind gekennzeichnet durch die innenliegende Dachentwässerung am tiefsten Punkt der sog. »Schmetterlingsbinder«. Die Dachhaut besteht häufig aus Wellblech- oder gesickten Aluminiumtafeln.

abhängig vom Gleisabstand bzw. von der Bahnsteigbreite. Wichtig ist auch hier die Freihaltung des Regellichtraumes. Feste Teile wie Stützen u.ä. sollen auf Bahnsteigen mindestens 3000 mm von der Gleisachse entfernt angeordnet werden. Wird E-Karren- oder Gabelstaplerverkehr auf den Personenbahnsteigen durchgeführt, so sind mindestens 2500 mm von der Bahnsteigkante freizuhalten.

Überdachungen werden gemeinhin auf Haus- und Inselbahnsteigen angeordnet. Auf Zwischenbahnsteigen sind sie nicht üblich, auf Außenbahnsteigen selten. Bei hölzernen Bahnsteigüberdachungen überwiegt die zimmermannsmäßig abgebundene Konstruktion. Die Dachhaut besteht aus Holzschalung mit Dachpappeindeckung. Stählerne Bahnsteigüberdachungen sind heute weit verbreitet. Vor allem die einstielige Binderform mit innenliegender Dachentwässerung, sog. »Schmetterlingsbinder«, findet man sehr häufig. Früher wurden sie aus Profilstählen und Blechen genietet, heute überwiegen moderne Schweißkonstruktionen aus korrosionsträgem oder nichtrostendem Stahl, sog. V2A-Stahl. Wurde früher auch bei den Stahlkonstruktionen die Dachhaut aus Dachpappe auf Holzschalung und Holzsparren gebaut, so überwiegen heute großflächige Bedachungselemente aus Aluminium oder Stahl. Wegen der geforderten Steifigkeit dieser Dachplatten sind sie häufig gewellt, gesickt oder abgekantet. Im Bereich von Treppenabgängen oder größeren Bauten auf dem Bahnsteig werden die einstieligen Binder durch zweistielige ersetzt, die aber in gleicher Konstruktion und Geometrie ausgeführt werden.

Bahnsteigtunnel

Fußgängertunnel ermöglichen den Reisenden das gefahrlose Erreichen von Insel- und Außenbahnsteigen. Sie bestehen aus dem eigentlichen Tunnelbauwerk, das die Gleise meistens rechtwinklig unterquert, und den Zugangstreppen, die in der Regel parallel zu den Gleisen angeordnet werden. Treppen- und Tunnelbreite richten sich hauptsächlich nach dem Verkehrsaufkommen. Sie betragen beim Vorbild 2500 mm bis 4000 mm bzw. 3000 mm bis 8000 mm. Statisch gesehen sind solche Tunnel Rahmenbrücken mit extrem großer Brückenbreite. Die Widerlager bestehen meistens aus Beton. Der Überbau wird häufig aus Walzträgern in Beton ausgeführt. Im modernen Tunnelbau verwendet man vorwiegend Spannbetonfertigträger mit T-förmigen Querschnitten. Vereinzelt trifft man auch noch auf offene stählerne Überbauten oder auf gewölbte, gemauerte Tunneldecken, wenn die Tunnelbreite nur gering ist. Zur Entwässerung ist der Tunnel an ein Entwässerungssystem angebunden oder mit einem Pumpensumpf ausgerüstet. Auch die Seitenwände der Treppenanlagen bestehen überwiegend aus Beton oder aus Ziegelmauerwerk. Ihr Querschnitt ändert sich infolge des unterschiedlichen Erddrucks und der Gründungstiefe.

Bahnsteigtunnel ermöglichen den Reisenden das gefahrlose Erreichen von Insel- und Außenbahnsteigen. Wichtigstes Maß dabei ist die Treppenbreite, die sich je nach Verkehrsaufkommen zwischen 2,50 m und 4,0 m bzw. bei großen Bahnhöfen zwischen 3,0m und 8,0 m bewegt. Das Verhältnis der Treppenbreite und Auftrittshöhe soll etwa 310 mm zu 160 mm betragen.

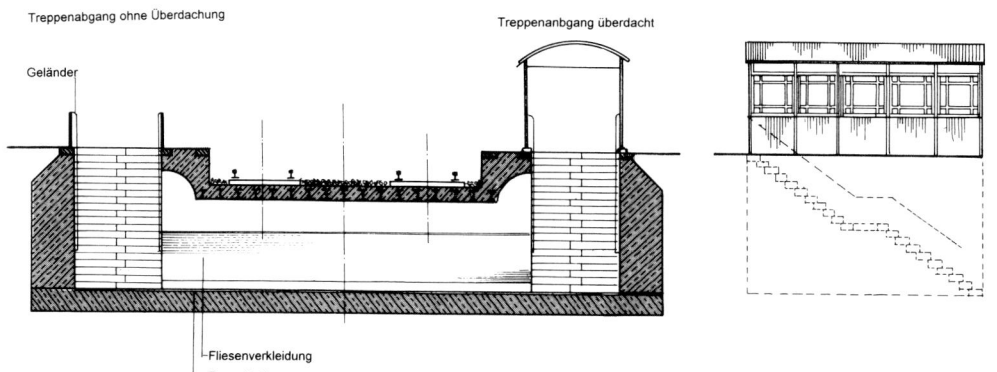

Die Eingänge von Fußgängertunnels sollen frei und offen sein, um evtl. Ängste bei den Benutzern auszuschalten. Der Fußgängertunnel des Bahnhofs Bln.-Schöneweide entspricht diesen Anforderungen weitgehend.

Das Steigungsverhältnis der Stufen sollte etwa 310 x 160 mm betragen, was 310 mm Auftrittsbreite und 160 mm Auftrittshöhe entspricht. Nach maximal 13 Steigungen ist ein Zwischenpodest anzuordnen. Die inneren Wandflächen des Tunnels und der Treppenabgänge werden häufig mit Fliesen o.ä. Materialien verkleidet, während die oberen Wand- und die Deckenflächen nur verputzt und gestrichen werden. Der Fußboden besitzt meistens einen Belag aus keramischen Platten, die Stufen sind aus Granit oder widerstandsfähigem Beton. Beiderseits der Treppen befinden sich Handläufe. Das »Treppenloch« im Bahnsteig ist durch ein stählernes Geländer oder eine Mauer unfallsicher abzugrenzen. Ist keine Bahnsteigüberdachung vorhanden, so werden Treppenabgänge meistens überdacht. Aufbauten aus leichten Stahlkonstruktionen mit Wellblech verkleidet und mit einem umlaufenden Fensterband sind heute noch verbreitet anzutreffen. Darüber hinaus gibt es aber auch moderne Ausführungen aus Stahlbeton oder in Stahlleichtbauweise mit Verglasung aus bewehrtem Profilglas oder aus Kunststofftafeln von durchscheinendem Material.

Fußgängerbrücken

Bahnsteig- oder Fußgängerbrücken sind beim Vorbild relativ selten. Grund dafür sind die teilweise recht aufwendigen Stahlkonstruktionen und deren ständiger Schutz vor Witterungseinflüssen sowie der relativ große Höhenunterschied, der dem Reisenden beim Wechseln der Bahnsteige zugemutet werden muß. Da ist eine Tunnelanlage wesentlich bequemer. Ausnahmen sind seltene örtliche Gegebenheiten, bei denen sich das Emp-

Fußgängerbrücken zum Erreichen außenliegender Bahnsteige sind häufig als Stahlkonstruktionen ausgeführt. Wegen der Belastung der Reisenden durch Witterungseinflüsse sind sie beim Vorbild seltener anzutreffen als Tunnels. Diese Betonbrücke in Meißen verbindet zwei in verschiedenen Ebenen liegende Straßen.

3.1 Bahnsteige

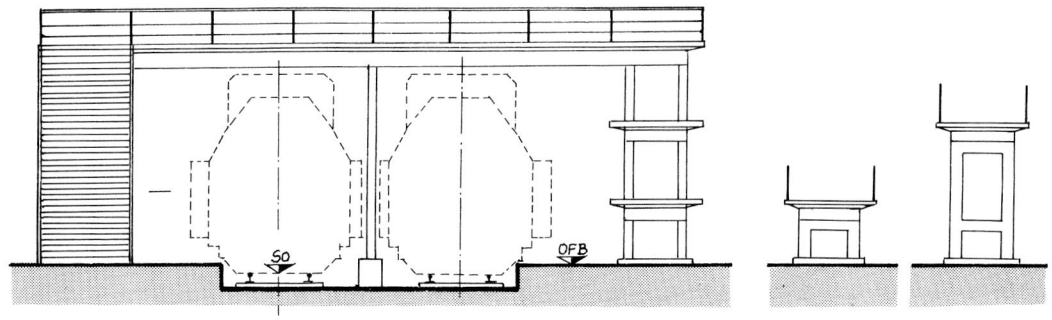

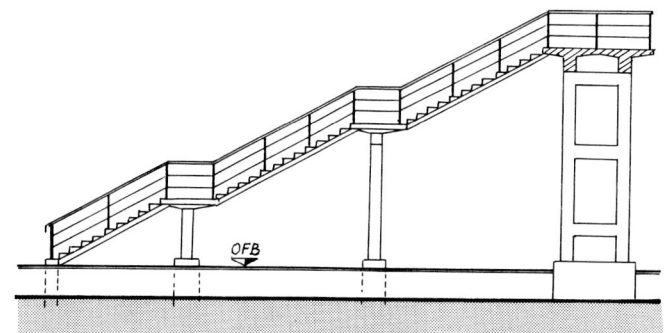

fangsgebäude (EG) in einer Höhenlage befindet, die Gleise also im Einschnitt liegen. Wenn so die Fußgängerbrücke auf einer Widerlagerseite an das EG anschließen kann, ist ihre Anlage gerechtfertigt. Ältere Fußgängerbrücken bestehen aus Holz, modernere aus Stahlbeton oder Stahl. Wichtig ist, daß der Regellichtraum eingehalten wird. Für die Treppenanlagen gelten die gleichen Grundsätze wie für die Bahnsteigtunnel.

3.1.1 Bahnsteige auf Modellbahnanlagen

Industriemodelle
In allen Bahnhöfen und Haltepunkten, die dem öffentlichen Reiseverkehr dienen, sind auch im Modell Bahnsteige anzulegen. Dafür hält die Zubehörindustrie eine Vielzahl von Bahnsteigformen bereit. Diese bestehen meistens aus Kunststoffkonstruktionen, die mit weiteren, gleichen Teilen oder zusätzlichen Verlängerungsteilen auf die gewünschte Bahnsteiglänge gebracht werden können. Nachteile dieser Fertigkonstruktionen

Die maßstäblich ausgeführte Zeichnung ermöglicht bei entsprechender Vergrößerung den direkten Abgriff von Maßen, die zum Nachbau der Brücke im Modell erforderlich sind.

sind ihr meist gerader Verlauf, der eine Gleisverlegung im Bogen unmöglich macht und der relativ auffällige Stoß, der beim eventuellen Verlängern des ursprünglichen Modells zu sehen ist. Der erste Nachteil muß hingenommen werden und die Bahnsteiggleise sind in die Gerade zu verlegen. Der zweite Nachteil läßt sich mit Spachtelmasse und Farbe beheben. Weiterhin bietet es sich an, die Fertigmodelle kräftig zu verwittern, um einen authentischen Eindruck zu erzielen. Einzelteile für den Bahnsteigbau sind relativ selten, doch sind viele Modellbauplatten mit ihren unterschiedlichen Dekors und natürlich die angebotenen Folien oder Kunststoffplatten mit Pflasternachbildungen als Bahnsteigbelag verwendbar. Hausbahnsteige sind bei fast allen Modellen und Modellbausätzen von Empfangsgebäuden Bestandteil der Modelle.

Nur zwei aus dem großen Angebot von überdachten Bahnsteigen. Der hintere, nostalgisch anmutende Bahnsteig mit gußeiserner Dachkonstruktion kommt von Faller, der vordere, einer modernen Betonkonstruktion nachempfundene, von Kibri.

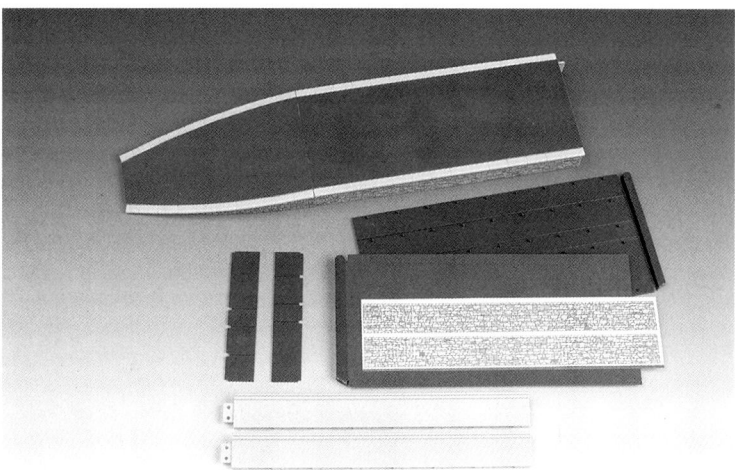

Bahnsteigkonstruktion von Peco. Die aus Plaste gespritzten Bausatzteile besitzen Sollbruchstellen, mit denen ohne Aufwand verschiedene Bahnsteigbreiten hergestellt werden können. Zum Sortiment gehören Auffahrten (im Bild) und Mittelteile, die sich beliebig verlängern lassen. Die Bahnsteigkanten können grau gelassen (Beton) werden oder mit beiliegenden Ziegel-Aufklebern beschichtet werden.

Ein recht innovatives System zum Selbstbau von Bahnsteigen bietet die englische Firma Peco an. Neben Bausätzen für verschiedene Bahnsteigbreiten werden hier auch Bahnsteigkanten mit verschiedenen Mauerwerksnachbildungen zum Selbstbau angeboten. Damit können auch gekrümmte Bahnsteige hergestellt werden. Bemerkenswert ist das System der Bahnsteigbreitenfestlegung bei den Bausätzen. Entsprechend der Geometrie des Peco-Gleissystems weisen die Bahnsteigplatten an der Unterseite verschiedene Sollbruchrillen auf, die nach kurzem Anritzen auf exakt die gewünschte Breite abzubrechen sind. Auch Faller bietet sog. Schienenfüllungen an. Das sind verschieden dimensionierte Kunststoffplatten, gerade oder mit Rundungen im 360-mm-Radius, sowie Treppen und Auffahrten, aus denen Bahnsteige gebaut werden können. Fußgängerbrücken findet man in den Angeboten der Firmen Faller, Kibri und Vollmer.

Bahnsteigüberdachungen (meistens mit Mittelpfeiler und innenliegender Entwässerung)) bieten Faller, Kibri und Vollmer an. Bahnsteighallen, die in der Regel über zwei Gleise reichen, vertreiben ebenfalls diese Hersteller sowie die Firma Woytnik & Kollosche. Letztere haben außerdem neben einer Reihe von Bahnsteigzubehör, wie Bahnsteigdachstützen, Stationsschilder, Uhren, Zug-

3.1 Bahnsteige

ankündiger, Lautsprecher, Bänke und Papierkörbe, auch Bausätze von Toilettenhäuschen, Warteräumen, Diensträumen der Aufsicht und Bahnsteigaufgänge im Sortiment, allerdings nur im Stil der Berliner S-Bahn der Epoche III. Die Bahnsteigaufgänge gibt es in drei verschiedenen Formen, die als Ätzbausätze zusammengelötet und über die Treppenaufgänge der Bahnsteigtunnel aufgesetzt werden. Außerdem ist ein Bahnsteigbausatz, bestehend aus einem Bahnsteig (12 mm Sperrholz), im Angebot, der mit sechs Paar Bahnsteigdachstützen, Holz für Dachbalken, Sparren und Dacheindeckung zuzurüsten ist. Dachbelag aus Sandpapier (im Format der Dachbahnen geschnitten), Dachrinnen und Fallrohre aus Kunststoff sowie Pflasterfolie und Mauerwerk (Karton) für die Bahnsteigplattform ergänzen den Bausatz. Clou der Modelldarstellung von Bahnsteigen ist ein Bausatz für eine Bahnsteighalle, der aus etwa 1200 Ätzteilen für eine 650 mm lange Halle besteht. Für moderne Bahnsteigdachkonstruktionen kommen aus der Modellbahnwerkstatt Kollosche einstielige und zweistielige Bahnsteigdachstützen aus Messingätz- und Gußteilen.

Dem Berliner S-Bahnbahnhof »Börse« ist eine gewaltige Bahnsteighalle nachgebildet, die im Angebot von Woytnick zu haben ist. Die Einzelteile (Konstruktion: Kollosche) bestehen aus geätzten Messingblechen, der Zusammenbau ist erheblich. Der Gesamteindruck ist dafür aber auch überwältigend.

Eigenbaumodelle

Wem diese Angebote der Industrie nicht zusagen, oder wer seinen ganz individuellen Bahnsteig gestalten will, muß zum Selbstbau schreiten. Auch Zwischenbahnsteige (z.B. für einen Landbahnhof) müssen im Eigenbau entstehen, da es diese nicht im Handel gibt. Der Selbstbau beginnt mit dem Anlegen des Bahnsteigkörpers. Dieser wird zweckmäßigerweise aus festem Styrodur oder Balsaholz hergestellt. Styropor eignet sich nicht dafür, da es zu weich und bröckelig ist. Bevor an diesem Rohling weiter gearbeitet wird, sollte eine Fahrprobe an Ort und Stelle durchgeführt werden. Dazu wird der Bahnsteigkörper an das Gleis gelegt und mit den längsten Fahrzeugen überprüft, ob eine Berührung stattfindet. Dabei sollte man die noch fehlende Gestaltung der Bahnsteigkante und der Bahnsteigoberfläche berücksichtigen.

Einfache Bahnsteigkonstruktion in der Nenngröße H0. Die Schienenstückchen stammen von Code-83-Schienen (Pilz), die Schwellen sind 2 mm dicke Sperrholzplättchen. Der Bahnsteigkörper besteht aus 6 mm dicken Balsa, das mit feinem Sand bestreut wurde. Das Gleis kommt von Tillig, der Schotter von ASOA.

Bei der hier gezeigten Bahnsteigkonstruktion wurden Kunststoffplatten von BRAWA sowie selbstgegossene Formsteine (Gips) mit Wabenmuster verwendet. Der Bahnsteigkörper ist wieder aus Balsa, das Gleis (in ASOA-Schotter) kommt von Pilz/Tillig.

Nun kann mit dem Aufbau der Bahnsteigkante begonnen werden. Streifen aus Mauerwerkspappe oder Kunststoffplatten sind dafür nur selten geeignet, da der Bau der Bahnsteigkanten beim Vorbild ganz anderen bautechnischen Grundsätzen folgt als der Bau von Gebäudewänden oder Stützmauern. Passend für Bahnhöfe mit ländlichem Charakter ist eine Nachbildung der Bahnsteigkanten aus Schwellen und Schienenpfosten. Die Schienenstücke werden von Meterware abgelängt und mit dem Fuß zur Gleisseite vor den Bahnsteigkörper geleimt. Der Abstand der Schienenpfosten untereinander sollte so groß sein, daß die Schwellen (Länge: 30 mm für H0, 22 mm für TT und 16 mm für N) leichtgängig zwischen die Pfosten geschoben werden können. Als Schwellenmaterial wird Holz empfohlen, Kunststoff ist dafür wenig geeignet. Die Plattform eines solchen Bahnsteigs besteht meistens aus festgestampf-ten Splitt und Sand. Im Modell läßt sich das gut mit gesiebtem Sand auf einer Leim-Wasser-Spülmittel-Schicht nachbilden.

Ältere Bahnhöfe mit mittelstädtischem Charakter haben oft noch gemauerte Bahnsteigkanten zwischen Ortbetonpfeilern. Im Modell lassen sie sich gut durch Streifen von Mauerwerksplatten (aus Kunststoff oder Pappe) darstellen, auf die in regelmäßigen Abständen (beim Vorbild etwa 5 m) Kartonstreifen als Betonsäulen geklebt werden. Bei der Farbgebung sollte man berücksichtigen, daß dieser Bereich ganz besonders dem Schmutz der Fahrzeuge (z.B. Bremsstaub) ausgesetzt ist.

Moderne Bahnsteigkonstruktionen bestehen aus Betonfertigteilen als Kante und Klein- oder Verbundpflaster aus Formsteinen auf der Plattform. Die Betonkanten lassen sich gut aus Gips nachbilden. Dazu wird die Kantenfläche dick mit einem Gips-Leim-Gemisch eingestrichen und nach dem

3.1 Bahnsteige

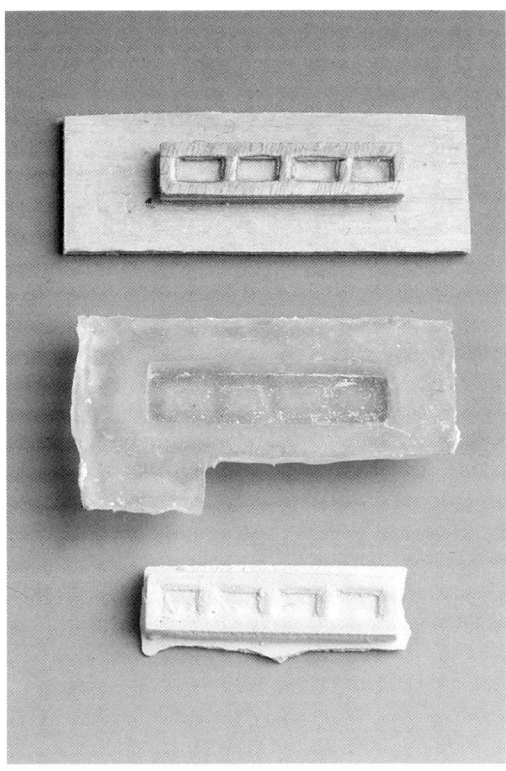

Die Selbstherstellung von Formsteinen aus Gips für Bahnsteigkanten im Modell ist nicht schwierig. Nach der Anfertigung eines Urmodells (oben, aus Sperrholz), das kräftig lackiert werden sollte, kann die elastische Form hergestellt werden. Dafür wurde Plasty-late von hobby-time, eine hochelastische Latexverbindung, verwendet. Nach mehrmaligem Auftrag mit dem Pinsel auf die Urform ist die Form (mitte) so dickwandig, daß sie einfach zum Abformen der Gipssteine (unten) geeignet ist.

Abbinden sauber geglättet. Bei einem Kantenverlauf im Bogen ist darauf zu achten, daß die Betonfertigteile (Breite beim Vorbild etwa 1 m) gerade Bauelemente sind. Bei genauem Hinsehen bilden also diese Fertigteile einen Polygonenzug, der sich in unzähligen Sekanten der Krümmung anpaßt. Die Stöße werden in die glatte Gipsfläche eingeritzt und mit dunkler Farbe nachgezeichnet. Besonders attraktiv sind Betonfertigteile für Bahnsteigkanten, die rhombusartige Vertiefungen aufweisen. Für den Guß solcher Elemente aus Gips bedarf es allerdings einer Form. Diese läßt sich z.B. leicht aus Plasty-late von der Firma hobby-time herstellen. Das Urmodell besteht aus einem etwa 4 mm dicken Sperrholzplättchen, auf das der Formkegelstumpf (ebenfalls aus Holz) aufgeklebt wird. Vor dem Abformen sollte man das Holzmodell mehrmals lackieren, damit es eine glatte Oberfläche erhält. Zur besseren Entformbarkeit wird das Modell ebenfalls vor dem Abformen mit Teflon-Formen-Spray behandelt. Nun wird diese Urform mit Plasty-late benetzt. Das geschieht mit einem weichen Pinsel in mehreren Schichten. Zwischen den einzelnen Arbeitsgängen sollte man Pausen von zwei bis drei Stunden einlegen, um der jeweils aufgetragenen Schicht Zeit zum Trocknen zu lassen. Es reichen sechs bis acht Schichten, die eine Formenwand von etwa 1 bis 1,2 mm bilden. In dieser Form können beliebig viele Fertigteile aus Gips gegossen werden, die nach entsprechend farblicher Behandlung reihenweise entlang der Bahnsteigkante aufgeklebt werden. Zum Ausgießen der Form mit Gips bettet

Lehren und Schnitthilfen erleichtern das Anfertigen und montieren von vielen gleichen Teilen erheblich. Die hier gezeigte Schnitt- und Montagevorrichtung für Holzstützen von Bahnsteigüberdachungen hat sich bestens bewährt, mußten doch nahezu 50 Stützen in einem Arbeitsgang hergestellt werden. Der Grundkörper besteht aus kupferbeschichtetem Leiterplattenmaterial. So können die Vorrichtungen geschraubt (Stiel- und Strebenablängung links) oder gelötet (Klebevorrichtung mitte und oben) werden.

Bahnsteigabgänge im Modell können besonders bei nichtüberdachten Bahnsteigen sehr reizvoll sein. Die Bahnsteigplatte und -kante wurde aus Erzeugnissen von Brawa hergestellt, der Treppenabgang und das Geländer aus Teilen von Faller. Ein Tunnel wurde nicht gebaut (verschlossen mit einem »schwarzen Loch«).

on stören. Zum Ablängen und Gehren der vielen Einzelteile sowie zum nachfolgenden Zusammenkleben lohnt sich die Anfertigung von Lehren. Diese fertigt man aus Leiterplattenmaterial (kupferbeschichtetes Pertinax) an. Die Führungsstreifen lassen sich auf der Kupferschicht dauerhaft auflöten und die geklebten Teile können leicht entnommen werden, wenn man die Lehren öfter mit Silikonspray einbelt. Bevor die Teile (wenn überhaupt erforderlich) in eine dritte Dimension erweitert werden, sollten sie mindestens dreimal mit feinem Sandpapier geschliffen und anschließend mit Beize behandelt werden. Erst wenn absolut keine Fasern (die sich jedesmal durch die Feuchtigkeit der Beize wieder aufrichten) mehr zu sehen sind, hat die feine Holzkonstruktion den Touch alten, verwitterten Holzes. Geklebt wird mit UHU-hart, wobei jede Verklebung reichlich mit Azeton bepinselt werden sollte. Anläßlich der Nürnberger Spielwarenmesse 1992 konnte man am Stand der Firma Preiser einen Blick in einen Modell-Fußgängertunnel werfen, in dem kurz nach Büroschluß unzählige Figuren den Ausgängen und Bahnsteigtreppen entgegenstrebten. Auf der Modellbahnanlage bekommt jedoch der Betrachter das Tunnelinnere nie zu sehen, weshalb man es auch nicht gestalten muß – es sei denn, man legt genau so einen Längsschnitt durch den Tunnel wie bei dem Messediorama. Wie weit dem Betrachter Einblick in den Tunnel gewährt wird, hängt von der Lage des betreffenden Bahnsteigs auf der Anlage ab. Empfohlen wird die Darstellung der Treppenkonstruktion bis zum untersten Podest. Der daran rechtwinklig anschließende Tunnel wird durch ein schwarz gestrichenes Rechteck angedeutet. Für den Treppenbau bieten sich die Treppen-Sets von Faller und Kibri an. Beim recht aufwendigen Selbstbau von Treppen muß das bei der Vorbildbeschreibung genannte Auftrittsverhältnis berücksichtigt werden.

Der Selbstbau von Fußgängerbrücken kann aufgrund der filigranen Gestalt einer solchen Konstruktion sehr reizvoll sein. Jedoch lohnt sich der Aufwand angesichts der gut gestalteten Industriemodelle kaum. Konstruktionen aus dünnen Holzleisten oder gelöteten Metallprofilen sind möglich. Wichtig ist auch hier ein genaues Vorbildstudium.

man diese in einen Behälter mit Sand, damit der Gips die elastische Gießform nicht verbiegen kann. Zum Ausformen genügt ein leichtes Dehnen des gummiartigen Formenkörpers.

Bahnsteigüberdachungen werden meistens unter Verwendung der bereits oben beschriebenen Teile aus dem Angebot der Zubehörhersteller gebaut. Für den Selbstbau bleiben da eigentlich nur Überdachungen aus Holz. Hier kann der Bastler sein ganzes Geschick zeigen und gelungene Modelle schaffen. Für die Holzkonstruktionen, besonders im Stützenbereich, sollte niemals Sperrholz verwendet werden, da die sichtbaren Schichten den realistischen Eindruck einer Kantholz-Konstrukti-

Die von Kibri angebotene Fußgängerbrücke gibt es nur im Bausatz. Sie ist außerordentlich filigran und ermöglicht den Bau in verschiedenen Varianten, so mit Abgängen rechtwinklig oder parallel zur Brückenachse.

3.2
Ladestraßen und Rampen

Daß der Eisenbahnbetrieb nicht nur aus Personenbeförderung, sondern zum weitaus größtem Teil aus Güterverkehr besteht, wissen auch die Modelleisenbahner und zeigen das auf ihrer Anlage mit vielen Modell-Güterzügen. Diese Tatsache macht es erforderlich, auch auf der Modellbahn umfangreiche Be- und Entladeeinrichtungen für Güter einzurichten. Dem Wagenladungsverkehr beim Vorbild dienen Freiladegleise, Kopf- und Seitenrampen sowie Einrichtungen für den Huckepack-, Straßenroller und Großbehälterverkehr.

Ladestraßen

Definition: Ladestraßen dienen dem ebenerdigen Umschlag von Massen- und Schwerlastgütern zwischen Schienen- und Straßenfahrzeugen. Das Umschlagsgut muß witterungsunempfindlich sein, da der Umschlag im Freien stattfindet.

Hauptabmessungen einer großen Ladestraße. Hier können Umladungen im Vorkopfverkehr (links) und parallel zum Ladegleis (rechts) erfolgen. Die Ladestraße ist meistens nach dem Gleis zu mit Schwellen oder Poldern gesichert, die Entwässerung erfolgt in einer mittig liegenden Kanalisation.

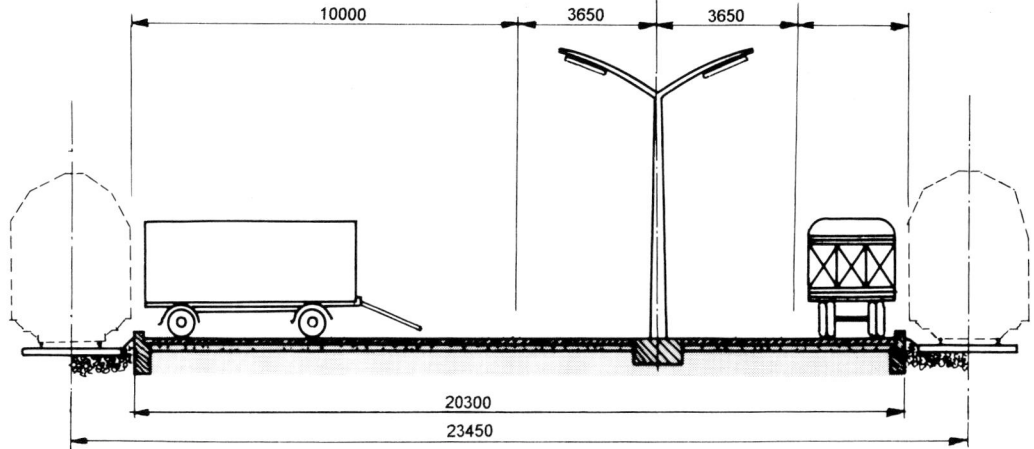

Die gegenseitige Höhenlage von Freiladegleisen und Freiladestraßen richtet sich nach den hauptsächlich vorkommenden Fahrzeugen. Die Fußböden von O-Wagen liegen im Mittel 1160 mm bis 1230 mm über SO, während die Fußbodenhöhe der Lkw je nach Größe zwischen 1100 mm und 1450 mm schwankt. Pferdefuhrwerke haben nur eine Ladehöhe von 600 mm, was aber für moderne Ladeeinrichtungen keine Bedeutung hat. Bei der Anlage von Ladestraßen wurde stets angestrebt, die Ladefläche des Straßenfahrzeugs auf gleiche Höhe mit dem Boden der Eisenbahnwaggons zu bringen, was einem Ladestraßenniveau von etwa der Höhe der Schienenoberkante (SO) entspricht. Die Gesamtnutzlänge einer Freiladestraße errechnet sich beim Vorbild aus der Zahl der täglich ladegerecht zu stellenden Waggons plus einem Zuschlag von 25% für den Spitzenverkehr. Dabei wird eine durchschnittliche Wagenlänge von 10,50 m angenommen, das durchschnittliche Ladegewicht mit 10 t. Bei einseitigem Anschluß soll die Länge des Freiladegleises 200 m nicht überschreiten. Zweckmäßig ist es, bei mittleren Anlagen verschiedene Gleise vorzusehen, damit die einzelnen Güter jeweils auf besonderen Gleisen bereitgestellt werden können (Gleise für Kohle, Zement, Kies, Lebensmittel usw.). Zweiseitig angeschlossene Freiladegleise sollen nicht kürzer als 100 m und nicht länger als 400 m sein.

Die Breite der Freiladestraße ist beim Vorbild abhängig davon, ob es sich um eine einseitige oder zweiseitige Ladestraße handelt. Auch die Wendemöglichkeiten und die Zu- und Abfahrten, die manchmal zum Einbahnverkehr zwingen, sind mitentscheidend für das Breitenmaß. Nach der Straßenverkehrsordnung beträgt die Breite von Straßenfahrzeugen 2,50 m, die Länge eines 5-t-Lkw etwa 8,40 m, über 5 t 10 m und die von Lastzügen 20 m. Aus diesen Maßen und den Möglichkeiten von Vorkopfstellungen von Fahrzeugen ergeben sich Breiten von 6 bis 10 m bei einseitigen und von 12 bis 23 m bei zweiseitigen Ladestraßen. Die Gesamtanordnung der Freiladegleise und Freiladestraßen ist abhängig vom Gelände, der Lage der sonstigen Betriebsanlagen, den Verkehrsbedürfnissen und den möglichen Straßenanschlüssen.

Ladestraßen im Modell lassen sich mit nahezu allen im Handel erhältlichen Straßenplatten nachbilden. Dabei sollte beachtet werden, daß die Höhe der Ladestraße am Gleis auf etwa Schienenoberkante liegt, und daß der Übergang zum Gleis gesichert ist.

Oben: Für alle gestaltenden Modellbahner ist die Notwendigkeit des Anlegens großflächiger Stützmauern eine Horror-Vision. Doch was man auch aus großflächigen und ansonsten öden Stützmauern machen kann, beweist dieses Bild. Die links abgebildete hohe Stützmauer aus Heki-dur-Platten wurde durch Pflanzenbewuchs und zurückhaltende Bemalung so aufgelockert, daß ihr jede Gleichförmigkeit genommen wurde. Die rechts an das Tunnelportal anschließende Stützmauer erhielt durch Abtreppungen und einen rechtwinkligen Knick die gewünschte Auflockerung und Belebung.

Unten: Zwei versetzt angeordnete Tunnelportale und eine riesige Stützmauer waren der sehnlichste Wunsch dieses Modelleisenbahners. Was er daraus machte, kann sich sehen lassen. Vorbildgetreu wird das Erdreich vor dem rechten Tunnel in einer engen Röhre aus Stützmauern abgefangen, während der Geländeverlauf vor dem linken Tunnelportal das Anlegen einer schrägen Stützmauer ermöglichte.
Die Entwässerungsdrainagen im Mauerwerk haben deutliche Spuren hinterlassen.

Oben: Drei unterschiedliche Verarbeitungsformen handelsüblicher Bauplatten sind auf diesem Bild zu sehen. Die Bogenbrücke über den kleinen Fluß hat ein Grundgerüst aus Sperrholz, auf das Heki-dur-platten geklebt wurden. Da das Sortiment keine Bogenleibungsgestaltung enthält, wurde diese aus einer umgedrehten dur-Platte hergestellt, indem die Steinfugen eingedrückt wurden. Die Steinstruktur der Leichtgewichtsmauer am Damm ist bei Platten von Busch zu finden, die Stützmauer am Ufer schließlich ist aus Platten von Kibri.

Unten: Der Berliner Kleinserienhersteller Woytnik hat auf einem Firmendiorama die Berliner S-Bahnbögen gekonnt nachgestaltet. Modellbauplatten für solche Arkadengestaltung findet man u.a. bei Kibri, Brawa, Noch und Faller. Zur Szenengestaltung im Stil der zwanziger Jahre tragen Figuren von Preiser bei. Auch der auf dem oberen Bahnsteig zu sehende Treppenabgang paßt zu den Themen dieses Bandes.

Oben: Hausbahnsteig, Zwischenbahnsteig und Außenbahnsteig sind die Gestaltungselemente dieser kleinen Bahnanlage nach süddeutschen Motiven. Vorbildgetreu wurden die Bahnsteigkanten in Plattenbauweise aus Zeichenkarton nachgestaltet. Für die sandgeschlämmten Schotterdecken als Bahnsteigoberflächen fand feiner Ostseesand Verwendung, der in das bekannte Leim-Wasser-Spülmittel-Gemisch eingestreut wurde.

Unten: Für Zwischenbahnsteige, die nicht durch Tunnel oder Brücken vom Empfangsgebäude zu erreichen sind, müssen die Bahnsteigkanten an den Überwegen abgesenkt werden. Diese Situation wurde hier richtig erkannt und gut nachgestaltet. Neben der sachgerechten Verlegung der Bahnsteigkanten fällt auf diesem Motiv das im Hintergrund befindliche »Kleingebäude« auf: Clochemerle in H0.

Fußgängerbrücken zum Erreichen von Zwischen- und Außenbahnsteigen sind auf Anlagen relativ selten zu sehen, obwohl einige Hersteller diese in ihrem Sortiment haben. Ein besonderes Kuriosum stellt die im Bild zu sehende Fußgängerbrücke dar. Sie verbindet nämlich kein Empfangsgebäude mit irgendwelchen Bahnsteigen, sondern die Dorfstraße mit der Laubenpiepergaststätte in einem ausrangierten Eisenbahnwaggon.

Für den Modellmenschen ein fast unmöglicher Betrachtungsstandort, für den Modellbetrachter gewohnte Perspektive: Die Draufsicht auf ein gekonnt gealtertes Wellblechdach einer Bahnsteigüberdachung. Die altertümliche Bahnsteigkonstruktion stammt von Faller und ist im Original von reinem Grau. Alle Achtung, was der künstlerisch begabte Anlagenbauer daraus gemacht hat.

Unten: Als das Vorbild für dieses Motiv noch existierte, war die Eisenbahnwelt noch in Ordnung, Das rege Treiben auf der kombinierten Seiten- und Kopframpe war charakteristisch für die frühe Eisenbahn in den siebziger Jahren des vorigen Jahrhunderts. Die Modellbahnanlage gehört zu einem Museumsstück, das im Eisenbahnmuseum Darmstadt-Kranichstein zu sehen ist.

Oben: Die Fa. Preiser in Rothenburg o.d.T. ist allgemein bekannt für ausgezeichnet detaillierte Figuren in großer Auswahl. Daß Preiser-Senior auch hervorragende Dioramen zu gestalten versteht, ist leider nur zu Messen und bei Ausstellungen zu sehen. Der hier vorgestellte Ausschnitt zeigt die Verladung des Zirkus Krone über eine kombinierte Kopf- und Seitenrampe in H0. Eine Unmenge von Motiven sind zu entdecken.

Unten: Rampen müssen nicht immer nur den Ladegutumschlag in Wagenfußbodenhöhe ermöglichen. In ländlichen Gebieten wurden häufig hochliegende Rampen angelegt, um Schüttgüter von Straßenfuhrwerken auf die Bahn umladen zu können. So wie hier, wo auf einer Anlage, die die Nachbildung der Muskauer Waldeisenbahn zum Inhalt hat, Torf von Straßenfahrzeugen auf die Loren der Waldeisenbahn umgeschüttet wird.

Oben: In den zwanziger und dreißiger Jahren unseres Jahrhunderts war in ländlichen Gegenden der Güterboden des kleinen Bahnhofs nicht nur Umschlagplatz für die Güter der Region, sondern auch kommerzielles Zentrum der Bauern und kleinen Handwerker. Diese Situation wurde mit viel Einfühlungsvermögen auf der dargestellten Anlage nachempfunden. Auch die Bepflasterung der Rampe in Straßenbaumanier ist so ungewöhnlich nicht.

Unten: Romantik ist international. Dieser unbeschrankte Bahnübergang an einer tschechischen Waldeisenbahn könnte genau so gut im Sächsischen oder im Bayrischen liegen. Die Gestaltung der Details gibt Anregung für eigenes Schaffen.

Schwenkbare Gatter waren die ersten Schrankenbäume in den Kindheitstagen der Eisenbahn. Auf dem im Bild dargestellten Diorama vom ersten Darmstädter Bahnhof wird die Absperrung der Rheinstraße für den durchfahrenden Zug dargestellt. Der passionierte Modellbauer denkt an dieser Stelle bereits über den Antrieb mittels Getriebemotor oder Memory-Draht nach.

Die älteren Leser erinnern sich sicher noch, wenn sie als Kinder oft ihre Ohren an die Masten der Telegrafenleitungen legten, in der Hoffnung, mithören zu können, was in den Drähten gesprochen wurde. An solche Situationen wird man beim Betrachten dieses Motivs erinnert. Der dargestellte A-Mast stammt aus dem Sortiment der Fa. Brawa. Als Freileitungen wurden dünne Gummifäden, die im Handarbeitsgeschäften als Beifäden zu erhalten sind, verwendet.

3.2 Ladestraßen und Rampen

Ladestraßen im Modell

Was die Nachgestaltung von Ladestraßen im Modell betrifft, sind die vorgenannten Grundsätze für die Einrichtung von Freiladestraßen beim Vorbild weitgehend zu berücksichtigen. Dazu gehören vor allem die Fahrzeuge, die auf der Ladestraße zum Einsatz kommen sollen. Empfehlenswert ist es, vor dem Bau auf Zeichenpapier Versuche mit den Modell-Kraftfahrzeugen durchzuführen, damit Breite und Länge der künftigen Modell-Ladestraße glaubwürdig erscheinen. Wichtig für die Nachbildung ist auch die Entscheidung über die Fahrbahndecke. Wurden früher (Epoche I bis III) die Ladestraßen vorwiegend mit Großpflaster versehen, entschied man sich später für Betondecken, um Gabelstaplern, Elektrokarren und anderen ungefederten Fahrzeugen ein ungehindertes Fahren zu ermöglichen. Wer sich für einen Belag aus Großpflaster für seine Ladestraße entscheidet, sollte auch berücksichtigen, daß diese Straßen wegen der Entwässerung der Fahrbahnfläche stark gewölbt waren. Das ist bei der Verwendung von Kunststoffplatten nicht schwer nachzubilden: Durch Unterlegen eines etwa 1 mm dicken Pappstreifens in Straßenmitte und gutes Verleimen der Platten an den Rändern wird die Pflasterplatte ausreichend gewölbt. Besonders vorbildgetreue Ladestraßen lassen sich mit den Straßenplatten aus der Werkstatt Spörle herstellen. Hier ist die Wölbung der Straßenoberfläche bereits in der Silikonform enthalten. Da man aber in diesem Fall ruhig ein wenig übertreiben kann, wird empfohlen, die Platten nach dem Ausformen längs auf eine 1 mm dicke Leiste oder einen Draht zu legen. Im Zuge des endgültigen Abbindens der Gipsplatte wird sie sich dieser »Vorwölbung« anpassen.

Über das möglichst unsichtbare Stoßen von Mauerwerks- oder Pflasterplatten aus Kunststoff wurde bereits geschrieben. Die Straßenplatten aus Gips werden mit schnell abbindendem Weißleim (z.B. Ponal-Express) verklebt, dem etwas Gips zugemischt wird. Wichtig ist die Gleichlage der Platten in der Höhe zueinander! Herausgequollenes Leim-Gips-Gemisch wird nach dem endgültigem Aushärten der Klebefuge vorsichtig abgekratzt und das Pflastermuster mit einem Stichel nachgeritzt. Ist die Fuge dennoch deutlich zu sehen, hilft eine Gips-Leim-Schlämpe, die nochmals aufgetragen und nach dem Abbinden mit Glashaarradierer und Stichel dem Muster angepaßt wird.

Die Nachbildung von Betonstraßen ist wesentlich einfacher. Auf eine absolut ebene Fläche aus Sperr- oder Balsaholz (unbedingt vorher lackieren!) wird eine dünne Schicht Gips-Leim-Gemisch aufgetragen, die nach dem Abbinden mit feinem Sandpapier glattgeschliffen wird. Die Dehnungsfugen haben beim Vorbild einen Abstand von etwa 5 m. Im Modell werden sie mit einer feinen Nadel und einem flexiblen Lineal in den Gips geritzt. Das Nachbilden der Bitumenvergußmasse geschieht mit einem schwarzen fine-liner-Stift. Wenn mal etwas übergeschmiert wird, ist das kein

Je verschmutzter, umso natürlicher wirkt eine Ladestraße im Modell, auf der täglich umgeladen wird. Auch hier sind die aus Gips gegossenen Straßenplatten eine wahre Augenweide. Selbst Bruchstellen, wie sie links im Bild zu sehen sind, beeinträchtigen den Gesamteindruck wenig, wenn sie durch Farbe gut verdeckt werden.

Rampen waren über viele Jahrzehnte hinweg wichtigste Voraussetzung für eine Güterumschlag zwischen Straße und Eisenbahn. Die hier gezeigte kombinierte Seitenrampe wurde aus einem Bausatz von Auhagen gebaut.

Problem: Im Original sind die Fugen auch oft kleckrig vergossen.

Ganz gleich, ob die Fahrbahndecke aus Kunststoffplatten oder aus Gips hergestellt wird: in jedem Fall müssen die Randsteine gesetzt werden. Sie grenzen die Fahrbahn gegen das Gleis ab und verhindern, daß Straßenfahrzeuge ins Gleis rollen können. Dazu ragen sie etwa 200 mm über die Fahrbahn hinaus. Manchmal sind sie auch weiß gestrichen, um Aufmerksamkeit für die Begrenzung zu wecken.

Ob die Ladestraße mit einer Beleuchtung versehen wird, hängt von der Bedeutung des Bahnhofs und dem simulierten Güterverkehrsaufkommen ab. Wenn eine Beleuchtung notwendig ist, findet man in den Sortimenten der Firmen Brawa und Viessmann entsprechende Leuchten: Hoch sollten sie sein und weit leuchtend. Im Bereich der ehemaligen DR bildeten sog. »Salatschüsseln« die Standardbeleuchtung auf Bahnhofsanlagen. Das sind hohe Leuchten auf Holz- oder Gittermasten, deren Leuchtwirkung durch nach unten offene, schüsselförmige Blenden gerichtet wird.

Laderampen

Definition: Laderampen sind Einrichtungen des Güterverkehrs, die der niveaugerechten (auf Wagenbodenhöhe befindlichen) Be- und Entladung von Güterwagen dienen.

Diese niveaugerechte Be- und Entladung wird beim Umladen von Räder- und Kettenfahrzeugen und von Tieren notwendig, obwohl diese auch häufig über schräg an den Waggon gestellte Holzrampen verladen werden. Fahrzeugrampen ermöglichen die höhengleiche Auf- oder Einfahrt auf oder in die Eisenbahnwagen. Nach der Lage der Rampe zum Ladegleis unterscheidet man Kopf- und Seitenrampen sowie kombinierte Rampen. Bei mittleren und großen Anlagen werden diese mit besonderen Bedienungsgleisen angeschlossen. Die Zu- und Abfahrten der Rampen dürfen den sonstigen Freiladeverkehr nicht behindern.

Seitenrampen werden für verschiedene Zwecke eingerichtet. Ihr Charakteristikum ist die lange Ladezufahrt an der Längsseite der bereitgestell-

3.2 Ladestraßen und Rampen

ten Eisenbahnwaggons. Die Auffahrt zu der entsprechenden Ladehöhe erfolgt entweder stirnseitig oder auf der gesamten Länge der Rampe. Dadurch ist die gleichzeitige Be- und Entladung mehrerer Wagen möglich. Seitenrampen werden auch vom Huckepackverkehr sowie zum Überladen von Gütern auf Straßenfahrzeuge unter Einsatz von Gabelstaplern in Anspruch genommen.

Die Breite der Rampen richtet sich nach den Verkehrsbedürfnissen, die Höhe über SO beträgt 1100 mm. Der Abstand des Rampengleises von anderen Ladegleisen beträgt 5,00 m, von durchgehenden Hauptgleisen sogar 6,00 m. Als Abstandsmaß Gleisachse - Rampenaußenkante ist wie bei Überladebühnen 1,65 m bindend vorgeschrieben. Bei Rampen für Sonderzwecke, wie zu Feuergut-, Vieh-, Holzverlade-, Rüben- und Kartoffelrampen gibt es eine Reihe bautechnischer Besonderheiten, wie Gattereinzäunungen, Schüttrutschen und auch Ladekränen auf der Rampe. Dazu gehören auch Hub- und Kippverladeeinrichtungen.

Kopframpen werden bei einfachen Verhältnissen meist in Verbindung mit Seitenrampen (sog. Kombi-Rampen) gebraucht. Wegen der »Überkopf«-Bedienung der Eisenbahnwagen muß die Verladung über die Puffer erfolgen, was eine größere Höhe der Kopframpe an der Übergangsstelle notwendig macht. Dieses Maß beträgt 1295 mm und wird bei ausschließlicher Nutzung der Rampe als Kopframpe über die gesamte Rampenlänge beibehalten. Bei kombinierten Rampen muß die Rampenhöhe auf 1100 mm reduziert werden. Es besteht auch die Möglichkeit, das Kopframpengleis um das Maß von 135 mm niedriger zu legen. Die horizontale Länge einer einfachen Kopframpe sollte 20 m betragen. Dieser schließt sich die Auffahrt mit einer Neigung von 1:12 bis 1:20 an. Die Breite der Rampe sollte das Maß von 7000 mm nicht unterschreiten. Mehrgleisige Rampen in Verbindung mit einer Seitenrampe können bis zu 17,35 m breit und 40 bis 70 m lang sein.

Übersetzanlagen

Übersetzanlagen zum Übersetzen von Eisenbahnwagen auf Straßenroller, sog. »Culemeyer«-Fahrzeuge, werden häufig am Ende von Lade-

Ist auch die Nutzung von festen Laderampen durch die zunehmende Verlegung des Güterverkehrs von der Schiene auf die Straße kaum noch nötig, hat sich der Einsatz von mobilen Rampen erhöht. Für die rationale Nutzung des Huckepackverkehrs wurden hochleistungsfähige Rampen entwickelt.

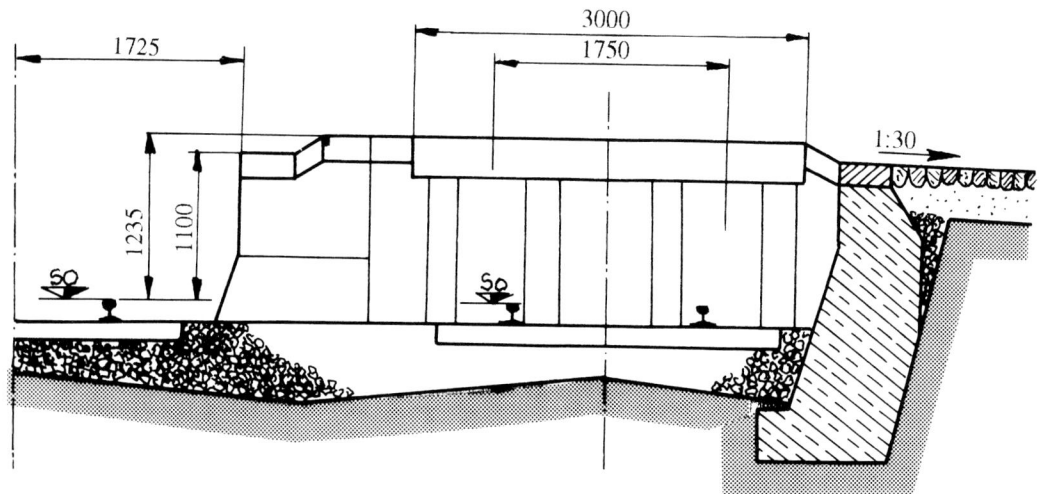

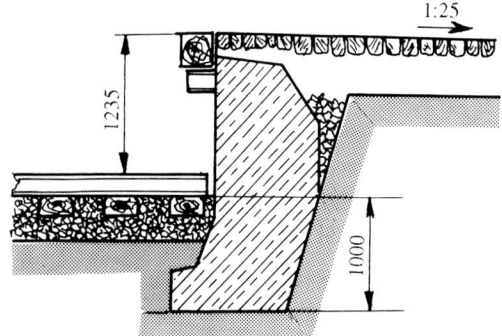

Die Hauptabmessungen für Kopf- und Seitenrampen nach der Bau- und Betriebsordnung (BO) sind auch als Richtwerte für den Modellbau bindend.

straßen und am Ende von Ladegleisen eingerichtet. Da an dieser Stelle keine Prellböcke oder andere Gleisabschlüsse einrichtet werden können, müssen diese Gleisenden besonders gesichert werden. Das geschieht entweder durch Schutzweichen oder durch Gleissperren, die verhindern, daß Eisenbahnwagen unkontrolliert auf die Straße vor der Übersetzanlage rollen können. Das Gleisende hat eine Höhe von 585 mm, was exakt der Schienenhöhe (SO) des anschließenden Culemeyer-Fahrzeugs entspricht. Die Fläche vor der Übersetzanlage muß genügend groß sein, damit Straßenroller und Zugmaschine Platz zum Rangieren haben. Oftmals sind diese Anlagen noch mit seitlich neben dem Gleis angeordneten drehbaren Pollern versehen, denn alle Bewegungen, vom Einrangieren des Straßenrollers an das Übersetzgleis bis zum Aufrollen des Eisenbahnwagens erfolgen vom Zugfahrzeug aus, entweder durch Bewegung desselben oder mit Hilfe von Seilzügen (Spills).

Rampen im Modell

Modelle von einzelnen Laderampen sind im Sortiment der Zubehörhersteller relativ selten. Meistens werden sie im Zusammenhang mit Güterschuppen angeboten. Einen sehr variabel einsetzbaren Rampen-Bausatz hat Auhagen im Angebot. Diese mit Großpflaster gedeckten Rampenteile lassen sich als Kopf- oder Seitenrampe sowie in kombinierter Bauweise verwenden. Bemerkenswert sind die vorbildgetreue Anhebung der Rampenoberfläche am Anschluß als Kopframpe sowie die langen Steigungen der Auffahrten. Die Laderampe von Vollmer ist für den vorwiegenden Einsatz als Seitenrampe gedacht. Eine Überdachung aus Holz macht sie besonders für den Umschlag witterungsempfindlicher Güter geeignet.

Mit den umgerechneten Richtmaßen des Vorbilds ausgerüstet, ist der Eigenbau von Rampen im Modell keine Hürde. Die Seiten- und Stirnwände bestehen bei älteren Bauwerken meistens aus Ziegel- oder Bruchsteinmauerwerk, bei modernen Rampen aus Beton. Für die Fahrbahn verwendete man früher Pflaster oder sandgeschlämmte Schotterdecken. Die Fahrbahnen moderner Rampen bestehen aus Beton. Charakteristisch für die

3.2 Ladestraßen und Rampen

Das Rampensortiment von Auhagen gestattet den Bau von Seiten-, Kopf- und kombinierten Rampen in der Nenngröße H0. Für den Viehauftrieb wurde sogar an Zäune und einen Hydranten (zum Reinigen der Rampe) gedacht.

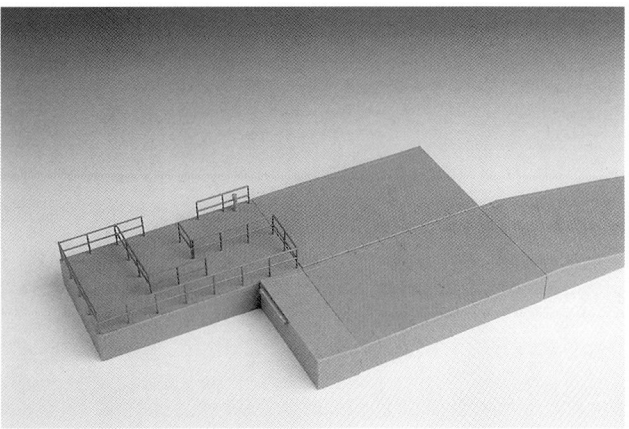

Rampenmodelle sind die seitlich überstehenden Simse der Fahrbahn, die kurze Anrampung der Spitze von Kopframpen und die Stoßbohle an der Stirnseite dieser Rampen. Die Stoßbohle besteht aus einer Altschwelle und ist häufig noch mit einem Gleissperrsignal (Gsp 0) versehen.

Als Grundkörper bietet sich auch hier wieder Sperr- oder Balsaholz an. Die Dicke ergibt sich aus der Gesamthöhe abzüglich der Materialstärke der gewünschten Strukturplatten. Am dünnsten sind Dekorplatten aus Pappe. Über das Stoßen solcher Pappen ist bereits geschrieben worden. Bei der Verwendung von Mauerwerksplatten aus Kunststoff muß auf einen genauen Fugenverlauf an den Ecken geachtet werden. Am attraktivsten werden selbstgebaute Rampen, wenn die Seitenwände und die Fahrbahn aus Gipsplatten hergestellt werden. Dabei kann der Grundkörper aus Holz entfallen, denn die Gipswände sind so stabil, daß man sie als allein tragende Bauteile verwenden kann. An den Ecken sollte man die Wände unter 45° anschrägen (eher noch etwas schlanker) und beim Zusammenfügen auf einen absolut sauberen Übergang der Fugen achten. Der überstehende Sims am oberen Rampenrand wird durch eine größer geschnittene Fahrbahnplatte erreicht, deren Seitenwände mit Fugen versehen werden. Zur Ausrüstung der Rampe als Viehrampe bieten viele Zubehörhersteller entsprechende Gatter und Zäune als Kunststoffspritzlinge an. Besonders filigran ist die Überladebrücke für Tiere aus Zinnguß und fein geätzten Geländern der Firma Spieth.

Zum Reinigen der Ladestraße sowie für Feuerlösch- und Tränkzwecke sind im Abstand von

Auch für den guten Rampenbau im Modell ist Gips ein hervorragender Baustoff. Die teilweise farbliche Behandlung zeigt die mögliche Alterung einer solchen Rampe auf der Modellbahnanlage.

80 bis 100 m Hydranten einzubauen. Oftmals befinden sich diese an den Rampen, wie es an den Modellen von Auhagen zu erkennen ist. Modelle von Überflurhydranten findet man u.a. in den Angeboten von Auhagen, Kibri und Preiser.

3.3 Gleisabschlüsse und Prellböcke

Definition: Ein Gleisabschluß zeigt an, daß das Fahrgleis zu Ende ist. Er soll verhindern, daß Fahrzeuge über das Gleisende hinausfahren und dabei Bauwerke oder Menschen gefährden.

Der Gleisabschluß soll weitgehend die anrollende Bewegungsenergie des auffahrenden Fahrzeugs bremsend aufnehmen, ohne daß Fahrzeug und Gleisabschluß beschädigt werden. Die Gleisabschlüsse werden ihrer Bauart nach eingeteilt in Festprellböcke, Bremsprellböcke und Gleisbremsschuhe. Die beiden letzteren sind um einen Bremsweg (lw) gegen eine Bremskraft längsverschieblich.

Festprellböcke
Festprellböcke sind unverschieblich mit dem Fahrgleis verbunden und räumen daher auflaufenden Fahrzeugen keinen Bremsweg ein. Es kann also mit ihnen keine nennenswerte Bremsarbeit geleistet werden. Deshalb werden in diesem System Gleisverstärkungen eingebaut, um ein Aufwerfen des Fahrgleises unter der Einwirkung der Stoßkräfte zu verhüten. Festprellböcke sollen lediglich in solchen Gleisen aufgestellt werden, wo nur mit geringen Auflaufgeschwindigkeiten oder mit kleinen Massen zu rechnen ist. Das sind:

- Gleise, die in der Richtung des Prellbocks ansteigen,
- kurze Gleise, die nur über Drehscheiben, Schiebebühnen oder ähnliche Einrichtungen zugänglich sind, und die dem nachfolgenden Abstellen der Fahrzeuge dienen,
- Gleise, auf denen nicht mit Lokomotiven, sondern nur mit Winden, Spillanlagen oder Wagenschiebern rangiert wird,
- Gleisstümpfe hinter Schutzweichen, die zur Sicherung durchgehender Hauptgleise dienen.

Diese Prämissen sind auch für die Aufstellung von Prellböcken auf der Modellbahnanlage von Bedeutung. Während die Modellbahnindustrie Festprellböcke anbietet, sind Nachbildungen von Bremsprellböcken in den Angeboten nicht zu finden.

Bremsprellböcke
Bremsprellböcke sind um Bremsweglänge vor dem Gleisende mit besonderen Klemmelementen auf die beiden Fahrschienen gesetzt. Diese Klemmelemente umfassen den Schienenkopf und

Festprellböcke sind nicht die einzige Form von Gleisabschlüssen, doch die am weitesten verbreitete. Die Regelkonstruktion besteht aus stählernen Trägern, die mit Hilfe von Knotenblechen miteinander vernietet werden. Als Stoßbohle dient meistens eine Altschwelle.

3.3 Gleisabschlüsse und Prellböcke

Auch handelsübliche Prellböcke (hier aus alter TT-Produktion) können Blickfänge auf der Modellbahn sein, wenn sie gekonnt gealtert und liebevoll mit Zutaten, wie Lampe und Bewuchs, versehen werden.

Verwirrend ist die Konstruktion eines Gleisbrems-Prellbocks. Doch so viel ist auf dem Bild zu erkennen: Durch den Aufprall des Fahrzeugs auf die Stoßbohle werden die Schleppeisen an den Schienenfüßen entlanggezogen und verzehren somit die kinetische Energie.

werden mit durchgehenden Schraubenbolzen an ihn gepreßt. Beim gewaltsamen Verschieben leisten sie entsprechende Reibungsarbeit. Dabei erhöht ein am Fahrschienenkopf reibendes Rotguß-Druckstück zusätzlich die Reibung.
Der Bremsprellbock hat eine gleichbleibende Bremskraft, die von der Anzahl der verwendeten Klemmschrauben abhängig ist. Erfahrungsgemäß erzeugt eine Klemmschraube eine Bremskraft von rund 1 Mp. Der Bremsweg eines solchen »beweglichen« Prellbocks soll 10 m nicht überschreiten, weil sich bei längeren Bremswegen die physikalischen Verhältnisse zu Ungunsten der Bremswirkung (Abrieb der gleitenden Teile) verändern. Innerhalb des Bremsweges dürfen sich an den Fahrschienen keine Laschenverbindungen und keine Schweißstellen befinden.

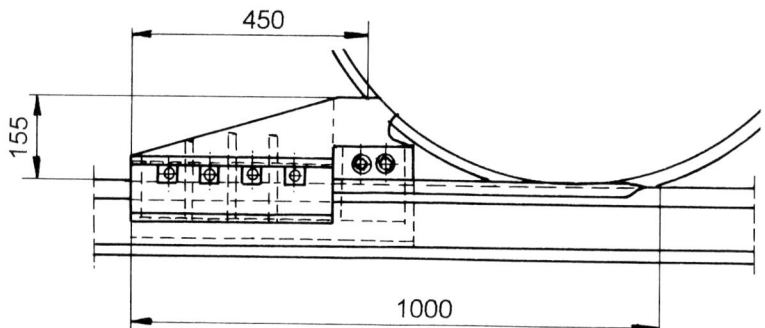

In Lokomotivhallen und Werkstätten befinden sich anstelle der Prellböcke Gleisbremsschuhe. Auch hier besteht das Prinzip im Verzehr von kinetischer Energie beim Verschieben des Schuhs auf der Schiene.

Bremsprellböcke mit Schleppgliedern besitzen auf einer Länge von 4 bis 20 m vor dem Prellbock bewegliche Bauglieder, die sich unter den Fahrschienen befinden und die mit dem Stoßdreieck beweglich verbunden sind. Ein auffahrendes Fahrzeug nimmt die Schleppglieder nacheinander mit, belastet sie gleichzeitig und erzeugt so zwischen den Schleppgliedern und ihren Unterlagen Reibung, die stetig ansteigt. Somit steigt bei dieser Art von Prellböcken mit fortschreitendem Bremsweg auch die Bremskraft. Ähnliche Konstruktionen gibt es auch unter der Bezeichnung Schleppschwellenprellbock, Gliederrostprellbock und Zungenprellbock.

Für betriebliche Sonderfälle sind zerlegbare Prellböcke entwickelt worden, deren einfachste Form wohl das Schwellenkreuz am Ende von Baugleisen ist (siehe Titelfoto von Band 2). Versenkbare Prellböcke gibt es u.a. auf Fährschiffen oder in Gleisen mit Mehrfachnutzung. Auch ausschwenkbare Prellböcke sind gebaut wurden. Sie sind besonders bei S- und U-Bahnen anzutreffen, wo das versehentliche Einfahren von Triebwagen in unter Strom stehende Abschnitte verhindert werden soll.

Gleisbremsschuhe

In Lokomotivschuppen, in denen der Einstieg zu Untersuchungsgruben freigehalten werden muß, können Bremsprellböcke normalerweise nicht aufgestellt werden. Dort sind die Gleisenden durch ein Paar Gleisbremsschuhe gesichert. Diese arbeiten mit den bei den Gleisbremsprellböcken verwendeten Klemmelementen. Dazu kommt noch die Hemmschuhwirkung durch die Auflast des ersten auf der Zunge des Bremsschuhs stehenden Rades. Die Bremswirkung eines Gleisschuhpaares beträgt etwa 10 Mp. Das reicht für die geringen Geschwindigkeiten, mit denen in der Halle gefahren wird. Hier genügen Bremswege von 1,5 m bis 2,5 m, die immer durch die Verlängerung des Gleises bis zur Hallenrückwand vorhanden sind.

3.4 Spurwechselanlagen

Definition: Spurwechselanlagen sind technische Anlagen auf Bahnhöfen, die den Übergang von Eisenbahnfahrzeugen unterschiedlicher Spurweiten ermöglichen.

Der Begriff Spurweite bezeichnet das lichte Maß zwischen den Schienenköpfen eines Gleises, gemessen 14 mm unterhalb der Schienenoberkante. Abgesehen von beabsichtigten oder zufälligen Spurerweiterungen beträgt dieses Maß für die Regelspur in Deutschland sowie dem größten Teil der Bahnen in Europa und auf dem nordamerikanischen Kontinent 1435 mm. Fahrzeuge gleicher Spurweite können also – abgesehen von unterschiedlichen Bahnstromsystemen und unterschiedlichen Lichtraumprofilen – uneingeschränkt auf Gleisen mit gleicher Spurweite verkehren. Probleme gibt es an der Grenze zwischen Ländern, in denen verschiedene Spurweiten üblich sind und beim Übergang von Regelspurfahrzeugen auf Schmalspurstrecken.

Unter den internationalen Spurwechseln sind die Übergänge von der 1435-mm-Regelspur zur spanischen Breitspur mit 1676-mm-Spurweite und

3.4 Spurwechselanlagen

zur 1524-mm-Spurweite an der Grenze zu Weißrußland und zur Ukraine die bekanntesten. Die technischen Möglichkeiten beschränken sich im wesentlichen auf zwei Varianten:

1. Anheben der Wagenkästen mittels hydraulischer Hubanlagen und Auswechseln der Drehgestelle (zweiachsige Wagen werden nicht »umgespurt«)
2. Das Durchfahren einer speziellen Gleisanlage, in der die Radscheiben kegelförmig auseinander- oder zusammengedrückt werden, bis das neue Spurmaß erreicht ist.

Ersteres erfolgt fast ausschließlich an der polnisch-weißrussischen Grenze (Brest) und erfordert Gleise mit vier Schienen (zwei Spurweiten). Der Umspurvorgang ist zeitraubend und materialintensiv. Die zweite Variante, die z.Zt. nur im Personenverkehr angewendet wird, ist die elegantere Lösung, erfordert jedoch speziell ausgerüstete Radsätze und Achskonstruktionen sowie ein sehr genaues Funktionieren der technischen Anlagen.
Für den Modelleisenbahner sind allerdings Spurwechseleinrichtungen zwischen Schmal- und Regelspur interessanter. Diese sehen den Übergang von Regelspurfahrzeugen auf die Schmalspur (vorwiegende Spurweite: 750 mm) und umgekehrt vor. Bei entsprechendem Güteraufkommen kann der Güterumschlag an diesen Nahtstellen beträchtliche Ausmaße annehmen. In den ersten Jahren des Schmalspurbetriebs in Deutschland war der Übergang von Güterwagenladungen nur durch Umladen möglich. Lebendvieh wurde mitunter von Wagen zu Wagen transportiert. Für den Umschlag von Stückgütern lagen die Schmalspurgleise meistens höher als die der Regelspur, so daß das Umladen über gleich hoch liegende Überladebrücken oder über schrägliegende Rutschen erfolgte. Um diesen meist manuellen Arbeitsaufwand zu verringern und den Umschlagsprozess zu verkürzen, führten ab 1885 die Königlich Sächsischen Staatseisenbahnen (Kgl. Sä. Steb.) das Umsetzen von Wagenkästen (sog. Umsetzkästen) der Regelspur – ähnlich dem heutigen Containerumschlag – auf Drehgestelle der Schmalspur mit Hilfe von Bock- oder Portalkränen durch. Das erforderte spezielle Drehgestellwagen, bei denen sich die Wagenkästen problemlos vom Fahrwerk trennen ließen.
Mit dem Einsatz von Rollfahrzeugen vereinfachte sich der Übergang der Güterwagenladungen von der Regel- auf die Schmalspur erheblich. In der Literatur werden zwei Entwicklungsschritte dieser Technologie beschrieben: Seit 1885 gibt es die Rollböcke und ab 1901 die Rollwagen zum Transport von Regelspur-Güterwagen auf schmalspurigen Gleisen.
Rollböcke sind schmalspurige Drehgestelle, die mit Vorrichtungen ausgerüstet sind, um je eine Achse eines regelspurigen Wagens aufzunehmen. Für einen zweiachsigen Güterwagen sind also zwei Rollböcke notwendig. Durch den Einsatz von Rollböcken mit unterschiedlichen Tragfähigkeiten

Rollbockverkehr auf einer TTm-Anlage. Die Rollböcke wurden aus Erzeugnissen der Firma Bemo umgebaut. Dabei stellte sich heraus, daß das Problem weniger im Transport der Güterwagen auf den Rollböcken besteht, als im Umsetzvorgang auf diese schmalspurigen Fahrzeuge.

Rollwagenbetrieb auf einer H0e-Anlage. Die Rollwagen nach sächsischen Vorbildern stammen von der Firma technomodell. Der Umsetzvorgang ist bei genau passender Rampe unproblematisch.

konnten annähernd alle damals üblichen zweiachsigen Güterwagen auf die Schmalspur umgesetzt werden. So betrug die Tragfähigkeiten der Rollböcke 12,5 t, 13 t, 13,5 t und 15 t, so daß Wagen mit einer Bruttomasse bis zu 30 t transportiert werden konnten. Das »Aufsatteln« der regelspurigen Achsen auf die Rollböcke war eine recht komplizierte Prozedur: Zunächst wurde der Güterwagen so weit vorgefahren, daß zwei Rollböcke auf dem dazwischen und tiefer liegenden Schmalspurgleis so weit untergeschoben werden konnten, daß sich der hintere Rollbock unter der ersten Achse des Regelspurwagens befand. Nachdem die Gabel der Rollbock-Tragklaue aufgerichtet wurde, wurde der Wagen weiter in Richtung Schmalspurgleis verschoben, wobei die erste Achse auf dem schräg nach unten führende Gleis in die Tiefe lief und somit den Rollbock mitnahm. Wenn auch die zweite Achse in dieser gleichen Weise auf dem zweiten Rollbock befestigt worden war, konnte die »Rollbockfuhre« mittels langer Kuppelstangen in den Schmalspurzug eingestellt werden. Bemerkenswert an dieser Technologie ist, daß der hier beschriebene Vorgang einzig und allein durch den körperlichen Einsatz der Eisenbahner (unter die Wagen kriechen) und die als Hub- bzw. Senkvorrichtung wirkende schräge Gleisrampe des Regelspurgleises funktionierte. Anstelle der schrägen Gleisrampe des Regelspurgleises wurde auch oft das Schmalspurgleis für die Rollböcke über eine Rampe tiefer in eine »Rollbockgrube« geführt. Man unterscheidet drei Bauarten von Rollbockkonstruktionen: Bauart Sächsische Staatseisenbahn mit 375 mm Tragklauenhöhe, Bauart Görlitz und Bauart Esslingen mit jeweils 140 mm Tragklauenhöhe.

Wesentliche betriebliche Fortschritte brachte die Einführung des Rollwagens. Dieser, mit vier oder sechs Achsen ausgerüstete Schmalspurwagen hat einen extrem tief liegenden Rahmen, dessen Obergurt gleichzeitig als Gleis für den aufzusattelnden Regelspurwagen dient. Über eine kleine Rampe wird dieser Wagen direkt auf den Rollwagen geschoben, wo er mit verstellbaren Gleisschuhen festgelegt und – wenn nötig – noch verzurrt wird. Solche Rollwagen können, im Gegensatz zu Rollböcken, Wagen mit mehr als zwei Achsen aufnehmen, wobei üblicherweise je ein Drehgestell auf einem Rollwagen festgelegt wird. Im Betriebseinsatz unterliegen die Rollwagen einer Reihe von Sonderbedingungen:

- Die Ladung der Regelspurwagen muß gleichmäßig verteilt sein,
- ab Windstärke 7 (18 m/s) dürfen leere Regelspurwagen auf Rollwagen nicht befördert werden,
- Kesselwagen müssen bis mindestens 90% ihres Kesselinhalts gefüllt sein,
- auf Rollwagen dürfen nicht befördert werden: vierachsige Selbstentladewagen, Wagen mit Drehgestellen, die mehr als zwei Achsen haben, Schemelwagen die durch eigene

3.4 Spurwechselanlagen

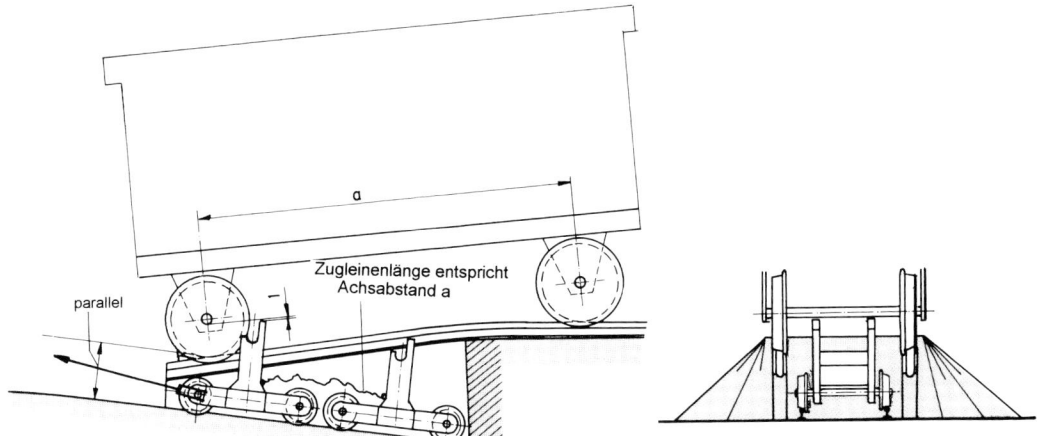

Schraubenkupplungen verbunden sind und Wagen mit nicht angebundenem Großvieh,
- die Höchstgeschwindigkeit beträgt 20 km/h. Auf Abschnitten mit Gleisradien von unter 100 m darf die Geschwindigkeit nur 15 km/h betragen,
- Zügen mit Personenbeförderung (PmG) dürfen nicht mehr als drei beladenen Rollwagen beigestellt werden,
- in solche Zuge dürfen auch nur zwei Rollwagen eingestellt werden, wenn sie durch Regelspurwagen mit Drehgestellen miteinander verbunden sind.

Die Beförderung von Schmalspurfahrzeugen auf Regelspurfahrzeugen erfolgt im »Huckepackverkehr« auf speziell eingerichteten Flachwagen, die mit Schienen und Gleisschuhen ausgerüstet sind. Das Aufladen erfolgt ebenfalls an Rampen, bei denen die Höhe (SO) des Schmalspurgleises mit der auf dem Transportwagen übereinstimmt. Solche Transporte werden notwendig, wenn Triebfahrzeuge und Wagen zu größeren Reparaturen in Ausbesserungswerke transportiert werden müssen.

Der Nachbau solcher Einrichtungen auf Modellbahnanlagen hat eine stark belebende Wirkung. Voraussetzung ist natürlich, daß ein solcher Schmalspurbetrieb dem Charakter der Anlage entspricht. Auch die Mechanisierung dieses Modellbauprojektes ist leichter als man erwartet.

Abgesehen von der längst abgeschafften Methode des Umladens von Umsetzkästen – was übri-

So könnte eine Umsetzanlage für den Rollbockbetrieb funktionieren: Der Regelspurwagen wird auf eine Rampe geschoben, an dessen Ende ein Bremskeil sein Weiterrollen verhindert. Die Rollbockgrube liegt so tief, daß dabei die Sattelhörner der Rollwagen nicht berührt werden. Werden diese nun aus der Grube gezogen, erfaßt das Sattelhorn des vorderen Bocks die erste Achse des Güterwagens und läßt diese in die Führung fallen. Dasselbe erfolgt mit der zweiten Achse, wenn der Wagen entsprechend weit vorgezogen wurde und der zweite Rollbock durch die Zugleine an die Aufsattelstelle gebracht wurde.

gens ebenfalls leicht mit einem Bockkran (der wie ein Containerkran arbeitet) und magnetischen Haftplättchen an den Wagendächern zu realisieren wäre – benötigen die beiden anderen Umsetzarten entsprechende Rampen. Diese Anlagen müssen sehr genau gebaut werden, soll das Umsetzen einwandfrei funktionieren. Einziger Trick beim Betrieb mit Rollböcken ist die rechtzeitige Mitnahme des Rollbocks durch die jeweilige Achse des Regelspurwagens. Dazu werden die Tragklauen an der Vorderseite (Richtung Schmalspuranlage) etwas weiter hochgezogen, so daß die Achse an diesem Anschlag anliegt und leicht in die Achsenöffnung fallen kann. Damit dieses Prinzip, das bei der ersten Achse einleuchtend erscheint, auch bei der zweiten Achse funktioniert, muß der zweite Rollbock beim Absenken an der richtigen Stelle stehen. Das erreicht man durch einen dünnen Faden zwischen den beiden Rollböcken, der genau dem Achsenabstand des Güterwagens entsprechen muß und der beim Vorrollen des ersten Rollbocks den zweiten in die richtige Position zieht. Der Vorteil des Rollbockverkehrs auf der Modellbahnanlage ist, daß der

Eine besondere Art der Umspurrampen wurde auf einer TT-Anlage entdeckt: Das Verladen schmalspuriger Reise- und Güterzugwagen auf die regelspurigen Spezialtransportwagen wird durch diese Einrichtung auch im Modell ermöglicht.

aufgesattelte Wagen unverrückbar fest in den Tragklauen der Rollbockmodelle sitzt.

Das ist nicht so beim Betrieb mit Rollwagen. Hier ist zwar das Aufschieben des Regelspurwagens völlig unproblematisch, wenn die Schienenhöhen exakt übereinstimmen und die Lücke zwischen Rampe und Rollwagen klein ist. Das Festlegen des Güterwagens auf dem Rollwagen jedoch bedarf besonderer Einrichtungen. Am einfachsten ist es, tiefe Kerben in die Schienen des Rollwagens zu feilen, in denen die Räder fest liegen, doch ist dies eine recht unsichere Angelegenheit. Eine andere Möglichkeit wurde einst für die Rollwagenmodelle der ehemaligen Firma Herr vorgeschlagen: Die klappbar und federnd angebrachten Gleisschuhe auf dem Rollwagen wurden beim Anfahren an die Umsetzrampe mittels in Spießstellung befindlicher Stahldrähte abgeklappt, so daß das Regelspurfahrzeug ungehindert auffahren kann. Beim Abziehen des Rollwagens geben die Spießdrähte die Gleisschuhe wieder frei, die nun infolge ihrer gefederten Lagerung wieder auf die Rollwagenschienen klappen können und so den aufgesattelten Wagen am Abrollen hindern. Rollwagen dieser Bauart werden für die Nenngröße H0e bei der Firma technomodell hergestellt. Neben den hier beschriebenen Anlagen zum Umsetzen normalspuriger Güterwagen auf Rollböcke oder Rollwagen gehören auf jede Anlage mit solch einer Umsetzkonzeption auch Einrichtungen, die das Umsetzen in umgekehrter Richtung zulassen: Auffahrrampen für Schmalspurfahrzeuge auf die regelspurigen Transportwagen. Der Bau solcher Rampen ist unkompliziert und mit Sperrholz und Mauerwerksplatten leicht zu realisieren. Lediglich der Übergang Rampe - Wagen muß über den Puffern des Transportfahrzeugs genau passend gestaltet werden.

3.5 Schrankenanlagen

Definition: Schranken sind technische Einrichtungen der Bahn, die Bahnübergänge so sichern, daß der Straßenverkehr bei Zugbetrieb eindeutig am schienengleichen Passieren der Gleise gehindert wird.

3.5.1 Sicherheit am Bahnübergang

Die Sicherheit an den höhengleichen Kreuzungen von Schienen und Straße verlangt eine genaue und unzweideutige Regelung des Verkehrs. Maßgebend ist hier der auf den überwiegend technischen Merkmalen des Eisenbahnbetriebs beruhende Vorrang der Schienenbahn. Die Sicherheit selbst ist gegründet auf drei wesentlichen Faktoren:
a) die rechtzeitige Ankündigung des Bahnübergangs,
b) die rechtzeitige Ankündigung des Zuges gegenüber dem Wegbenutzer und
c) das entsprechend korrekte Verhalten des Wegbenutzers.

Die Ankündigung des Eisenbahnfahrzeuges ist entweder unmittelbar durch Ausnutzen der Wahrnehmbarkeit des Zuges (Sehen und Hören) oder mittelbar durch technische Einrichtungen (Schranke, Blinklicht, Halbschranke) oder Handzeichen von Posten möglich. Die Ankündigung eines Bahnübergangs ist durch Zeichen (Warnzeichen, Baken, Warnkreuz) und betriebliche Festlegungen für den Straßenverkehr (Überholverbot, Geschwindigkeitsbeschränkung) festgelegt.

Bei den Bahnübergängen unterscheidet man zwei große Gruppen: Die technisch gesicherten Bahnübergänge und die Bahnübergänge ohne technische Sicherung. Zu den technisch gesicherten Bahnübergängen rechnen die durch örtliche oder durch fernbediente Schranken sowie durch Blinklichtanlagen kenntlich gemachten Bahnübergänge.

Ortbediente Schranken

Als örtlich bedient gelten solche Schranken, bei denen der Wärter unter allen Verhältnissen, also auch bei Dunkelheit und Nebel die Vorgänge auf dem Bahnübergang selbst sehen kann. Damit ist die Annäherung von Fahrzeugen und Passanten während des Schließvorgangs der Schranken einsehbar und beeinflußbar. Wichtig ist dabei, daß der Schrankenwärter bei Gefahrensituationen jederzeit unmittelbar in den Straßen- und Eisenbahnverkehr eingreifen kann.

Eine stimmungsvolle Szene an einem (beschrankten oder unbeschrankten) Bahnübergang. Daß das Ganze noch funktionieren muß, zeigen die frischen Spuren auf den Betonplatten und die blanken Schienenköpfe.

Eine der wenigen noch mit Gitterbehang versehenen Schranken steht im Ostseebad Kühlungsborn. Jedesmal wenn die Bäderbahn - genannt »Molli« - vorbeifährt, senkt sie sich mit lautem Geläut.

Fernbediente Schranken

Die fernbedienten Schranken müssen nach der BO (Bau- und Betriebsordnung) so eingerichtet sein, daß sie an Ort und Stelle von Hand angehoben und alsdann wieder geschlossen werden können. Sie müssen außerdem eine Läutevorrichtung haben, die vom Standort des Wärters bedient werden kann. Ferner muß die Schranke eine Vorrichtung besitzen, die dem Wärter jedes örtliche Öffnen der Schranke anzeigt (Rückläutevorrichtungen). Bei Nichteinsehbarkeit der Schranke wurden bereits vor einigen Jahren Überwachungseinrichtungen über Fernsehkameras und Monitore beim Wärter eingerichtet.

Vollautomatische Schranken werden vom Zug aus bedient. Nach Überfahren eines Schienenkontakts wird somit die automatische Schrankenschließung eingeleitet. Dafür werden vorwiegend Halbschrankenanlagen eingebaut, deren Schrankenbäume sich 12 sek. nach Auslösen des Signals automatisch schließen. Allerdings sperren sie nur die halbe Straßenbreite, und zwar die, die in Fahrtrichtung vor dem Gleis liegt. Damit riegeln sie den zuströmenden Straßenverkehr ab, den Verkehr aber, der gerade den Übergang passiert, lassen sie ungehindert abfließen. Ist die Schranke geschlossen, wird dem Triebfahrzeugführer des auslösenden Zuges der ordnungsgemäße Zustand der Schranke über das Signal So 16a/b angezeigt. Dabei brennt am Signalschirm ein weißes Licht (SO 16a), wenn der Bahnübergang ordnungsgemäß gesichert ist und mit unverminderter Geschwindigkeit passiert werden kann. Ist der Bahnübergang ungesichert, leuchten zwei gelbe Lichter (So 16b) auf, die dem Triebfahrzeugführer signalisiert, daß er seine Geschwindigkeit auf Schrittempo zu reduzieren hat, um sicher vor eventuellen Gefahrenstellen zum Halten zu kommen.

Blinklichtanlagen

Nach der Bau- und Betriebsordnung gelten auch Bahnübergänge mit Warnlichtanlage als technisch gesichert. Derartige Anlagen versagen nach jahrelangen Erfahrungen höchst selten ihren Dienst. Früher blinkte bei freiem Überweg noch ein weißes Licht (heute noch bei den Tschechi-

3.5 Schrankenanlagen

schen Bahnen üblich). Seit mehr als 20 Jahren jedoch wird nur bei einem sich nähernden Zug ein rotes Blinklicht im Zusammenwirken mit einem Läutewerk wirksam. Auch hier wird dem Triebfahrzeugführer der ordnungsgemäß eingeschaltete Zustand des Blinklichts über das Überwachungssignal So 16a/b angezeigt. Häufen sich diese Überwachungssignale oder ist die Zuggeschwindigkeit z.B. auf Hauptbahnen zu groß, werden die Blinklichtanlagen durch die benachbarten Bahnhöfe überwacht.

3.5.2 Schrankenkonstruktionen

Bis zum Jahre 1927 kannte man nur von Hand bediente Einrichtungen in Form von Schranken oder Schiebetoren. Die technische Entwicklung der darauf folgenden Schrankenkonstruktionen wurde im wesentlichen 1935 mit der Einführung der Reichsbahnschranke abgeschlossen. Die Antriebskraft wird hierbei über einen Doppeldrahtzug von der per Hand zu bedienenden Winde über den eigentlichen Schrankenantrieb zum Baum übertragen. Während die örtlich bediente Schranke in ihrem geschlossenen Zustand in der Endlage verriegelt wird, also nicht aufwerfbar ist, müssen fernbediente Schranken aufwerfbar sein, um zwischen den Schranken eingeschlossene Straßenfahrzeuge befreien zu können. Moderne Schrankenbäume haben eine Sollbruchstelle, die den Baum beim Dagegenfahren abknicken läßt. Für fernbediente Schranken fordert die BO weiter, daß sie mit einer Läutevorrichtung versehen sind. Früher bestanden diese aus einem Glocken-Hammerwerk, heute klingeln dafür elektrische Läutewerke.

Entsprechend der Länge des Schrankenbaumes sind die Schranken in drei Größengruppen eingeteilt, um den verschiedenen Sperrlängen gerecht zu werden. Unter Sperrlänge versteht man die Länge des Schrankenbaumes von der Drehachse bis zum Zopfende. Entsprechend der Größe und damit dem Gewicht der Bäume sind auch die Schrankengestelle verschieden stark und groß bemessen und in drei Gruppen zusammengefaßt:

Gruppe I: Schranken mit Sperrlängen von 2600 mm bis 6100 mm
Gruppe II: Schranken mit Sperrlängen von 6600 mm bis 10.100 mm,
Gruppe III: Schranken mit Sperrlängen von 10.600 mm bis 13.600 mm.

Mit Doppelschranken von gleicher Sperrlänge kann man alle Straßenbreiten bis zu 27,20 m

Zeichnung einer Schrankenkonstruktion nach der Bahn- und Betriebsordnung (BO).

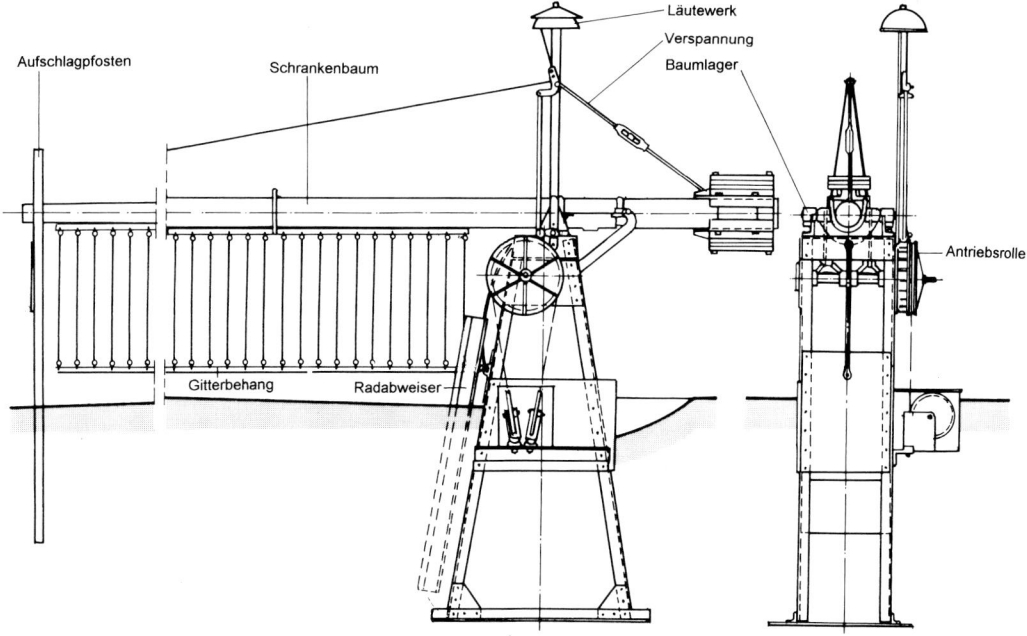

Sperrlänge sichern. Bei größeren Straßenbreiten und insbesondere bei starkem Straßenverkehr ist der Doppelschranke, also der vierteiligen Schranke der Vorzug zu geben.

Schrankenbaum
Die Schrankenbäume werden im allgemeinen aus einzelnen Schüssen aus Stahlblech stumpf zusammengeschweißt. Am Schwanzende werden die Gegengewichte, die aus dem Hauptgewicht und den Zusatzplatten bestehen, angebracht. Der Schrankenbaum kann, wo erforderlich, mit Gitterbehang versehen werden. Die Aufschlagpfosten zur Aufnahme des niedergehenden Baumes haben eine federnde Aufschlaggabel zur Minderung der Stoßbeanspruchung. Die Bäume werden abwechselnd mit rot-weißen Anstrichen versehen, um eine große Signalwirkung zu erzielen.

Schrankenantrieb
Früher wurde der Antrieb als Kurbeltrieb gebaut. Dabei war die Seilscheibe zugleich Antriebsrolle, die ihre Bewegung über ein kompliziertes System von Stellrinnen, Antriebs- und Kuppelhebel auf den Schrankenbaum übertrug. Der Rand der Antriebsrolle außerhalb der Seiltrommel war mit Zähnen besetzt, die zum Anheben des Klöppels der Läutevorrichtung dienten.
Heute erfolgt der Schrankenantrieb elektrisch, womit das mühsame Drehen der Antriebskurbel entfällt. Mit dem Antrieb durch Elektromotoren wird ein schnelleres Bedienen sehr umfangreicher Schrankenstellanlagen und die Automatisierung des Stellvorgangs durch den Zug (Schienenkontakte) möglich. Der elektrische Antrieb ist unmittelbar an das Schrankengestell angebaut. Die Motorkraft wird auf die Antriebswelle des Schrankenantriebs durch Ritzel mit Stirnzahnrädern oder durch Keilriemen übertragen. Alle Antriebe sind mit einer Magnetkupplung versehen, welche im stromlosen Zustand die Schranke vom elektrischen Antrieb trennt. Der Schrankenbaum fällt in solch einer Havariesituation mittels Schwerkraft in die geschlossene Lage und kann nur durch eine Handkurbel vor Ort bedient werden. Bei Halbschranken ist der elektrische Antrieb in das Schrankengestell eingebaut. Eine Elektronik meldet Schäden am Schrankenbaum und der Beleuchtung. Außerdem wird die Baumstellung überwacht. Der Antrieb ist durch Zwischenschalten einer elektrischen Kupplung so gebaut, daß die Schranke bei Stromausfall in die Sperrstellung fällt. Schalteinrichtung und Notstromversorgung sind in einem aus Sicherheitsgründen doppelwandig ausgeführen Schaltschrank oder einem kleinen Schalthaus aus Beton untergebracht.

3.5.3 Schrankenanlagen auf der Modellbahn

Für den Einbau von Schranken auf der Modellbahnanlagen haben fast alle Modellbahn- und

Die Bäume der Halbschrankenanlage senken sich 12 s nach dem Einschalten der Warnlampen und des Läutewerks.

3.5 Schrankenanlagen

Schranken mit Antrieb stellen u.a. die Firmen Märklin (l.o.), Busch (l.m.) und Trix (l.u.) her. Bei den Schranken von Faller (r.) ist der Antrieb in einem Häuschen verborgen.

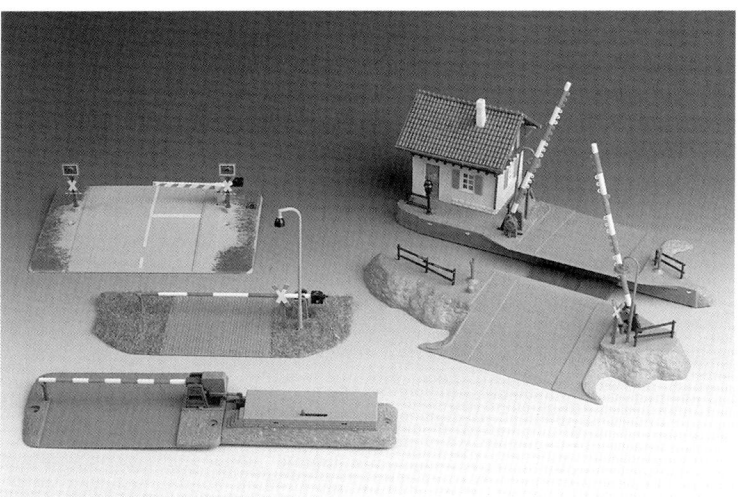

Zubehörhersteller entsprechende Modelle in verschiedenen Nenngrößen in ihren Sortimenten. Abgesehen von antriebslosen Schranken, die wohl kaum eine Berechtigung auf einer gut funktionierenden Modellbahnanlage haben, sollen auch solche hier unbeachtet bleiben, die nach Spielzeugmanier durch die Masse des Modellzuges bedient werden und die sich unmittelbar vor und nach Passieren des Zuges schlagartig schließen und öffnen. Vielmehr soll auf Schrankenmodelle hingewiesen werden, die zu einem vorbildgetreuen Betriebsablauf beitragen.

Hauptkriterien für den Modelleisenbahner bei der Auswahl von handelsüblichen Schrankenmodellen sind das vorbildgetreue Aussehen und der unkomplizierte und doch vorbildgerecht funktionierende Antrieb. Das äußere Bild einer Schranke wird entscheidend von der Länge und dem Durchmesser des Schrankenbaumes geprägt. Dieses Verhältnis ist fast allen Modellbauern vom Vorbild her geläufig, so daß Disproportionen sofort erkannt werden. Wenn die Straßenbreite nicht vergrößert werden kann, muß der Schrankenbaum eingekürzt werden. Entsprechend der Vorbildverhältnisse von etwa 3000 mm Länge zu 120 mm Durchmesser sollte im Modell ein Verhältnis von etwa 100:1 zwischen Schrankenbaumlänge und Durchmesser bestehen. Wie beim Vorbild ist auch beim Modell die Ausstattung der Schrankenbäume mit einem Gitterbehang möglich. Bei einem Vorbilddurchmesser der Git-

terstäbe von maximal 20 mm wären diese in der Nenngröße H0 etwa 0,25 mm dick. Drahtdicken von 0,5 mm sind noch zu akzeptieren, dickere Behänge sind nicht mehr zu empfehlen. Lange Schrankenbäume (beim Vorbild ab 10 m) haben eine Abspannung des Schankenbaumes. Diese beginnt hinter dem Gegengewicht und geht über eine Stütze im Drehpunkt des Baumes bis etwa ins vordere Viertel. Auch hier darf der Abspanndraht nicht dicker als 0,5 mm sein. Die Lagerböcke der Schranken sind bei fast allen Herstellern vorbildähnlich ausgeführt, jedoch sollte der Modellbauer an den teilweise recht klobigen Gegengewichten unbedingt etwas verändern, zumal diese Manipulationen im Modell keinen Einfluß auf die Funktion haben.

Von den Schrankenantrieben erwartet der Modelleisenbahner, daß sie leise und mit vorbildgerechtem Bewegungsablauf die Schrankenbäume bewegen. Das geschieht meist durch elekrische Antriebe und entsprechende Getriebe. Letztere stören oft durch ihre Geräusche den vorbildgetreuen Betrieb, so daß zwei Antriebsvarianten eine besondere Erwähnung verdienen: Der elektropneumatische Antrieb von Trix und der Antrieb mit Memory-Draht von Brawa. Der elektro-pneumatische Antrieb von Trix schließt zwar die Schranken etwas schnell, dafür aber geräuschlos. Auch das Aufsetzen auf den Aufschlagpfosten erfolgt sanft und weich. Der Memoryantrieb des Brawa-Schrankenantriebs hat alle Vorteile, die sich ein Modelleisenbahner wünscht: Er ist geräuschlos, vorbildgetreu langsam und garantiert (dank zwischengespannter Federn) einen weichen Bewegungsverlauf. Hervorzuheben ist bei diesem gut detaillierten Modell auch die Geräuschkulisse, die durch ein Glockenwerk unter der Anlage gegeben ist. Vorbildgetreu läuft auch der Schrankenantrieb von Faller. Obwohl elektromotorisch angetrieben, wird die Stellkraft per Seilzug langsam auf die Schrankenbäume übertragen. Höchsten Ansprüchen an die Modelltreue genügt der Schrankenbausatz von Weinert. Fein detaillierte und sauber gegossene und geätzte Teile werden über einen Fulgurex-Weichenantrieb weich und fast geräuschlos bewegt. Die Montage des Bausatzes ist anspruchsvoll. Da die Anbringung des Schrankenbaumbehangs sehr schwierig ist, wird der Bausatz mit und ohne Behang angeboten.

Zum Abschluß soll noch auf den Selbstbau verwiesen werden, obwohl sich – angesichts der Fülle der Angebote – sicher nur wenige dazu entschließen werden. Der Aufbau des mechanischen Teils ist mit Hilfe der Zeichnungen in diesem Buch sicher nicht schwer. Als Antrieb wird der einfache, aber perfekte Memoryantrieb empfohlen. Allerdings gab es auch schon Lösungen, bei denen der Modelleisenbahner seine Schranke mit Hilfe einer kleinen Kurbel vom Anlagenrand aus bedient hat. Ein Hoch der Vorbildtreue!

3.6
Sonstige Anlagen am Gleis

Am Ende dieses Bandes der Reihe »Modellbahn-Werkstatt« sollen einige Bahndetails Erwähnung finden, die am Rande der Strecken des Vorbildes zum gewohnten Bild gehören, und die das Tüpfelchen auf das i bei einer Modellbahn sind. Solche Anlagen sind die Kennzeichen zur Kilometrierung (früher sagte man »Stationierung«) der Strecke, Freileitungen und Kabelgräben. Weitere »Randerscheinungen«, wie Drahtzüge und Spannwerke von mechanischen Signalen werden in einem weiteren Band der »Modellbahn-Werkstatt« vorgestellt, wenn über Stellwerke und Signale beim Vorbild und im Modell berichtet wird.

Kilometersteine
Grundlage der Eisenbahnvermessung ist die Stationierung. So bezeichnet man das Ergebnis einer durchlaufenden, auf die Horizontale reduzierten Messung in der Bahnachse, bei der alle Entfernungen in Kilometern angegeben werden. Der Begriff stammt noch aus einer Zeit, da die Entfernungen von Station zu Station gemessen wurden. Der Nullpunkt wird für jede Strecke besonders festgelegt. Meistens ist er die Mitte des Empfangsgebäudes eines Ausgangsbahnhofs. Auf den Gleisplänen des Vorbilds werden die Stationierungsnullpunkte mit einem kleinen Doppelkreis gekennzeichnet, einfache Kreise bezeichnen die fortlaufende Messung in 100 m - Schritten.

Beim Vorbild besteht die Stationierung aus Kilometersteinen, auf denen zwei Ziffern eingemeißelt sind: Oben der laufende Kilometer und darunter der jeweilige 1/10-Kilometer. Die Steine bestehen aus Naturstein mit den Abmessungen

Streckenstationierung heute: Überall, wo Oberleitungsmasten stehen, wurde die Kilometrierung der Strecken vom Kilometerstein auf die Tafeln verlegt.

300 x 200 mm. Sie sind mit weißer Schlämmkreide angestrichen, die Zahlen (etwa 180 mm hoch) sind mit schwarzer Farbe ausgelegt. In älteren Dokumenten findet man oft noch die Bezeichnung »Abteilungszeichen« für Kilometerstein. Die Stellung der Kilometersteine zum Gleis wechselt im Verlaufe der Stationierung. Dabei stehen die Steine mit geraden 100-m-Angaben (z.B. 1,0; 3,2 usw.) in Stationierungsrichtung links vom Gleis, die Steine mit den ungeraden Angaben (z.B. 0,1; 5,3) rechts vom Gleis. Bei der Modernisierung von Eisenbahnstrecken werden keine Kilometersteine mehr gesetzt. Vielmehr werden die Stationierungsangaben auf weißen Emailleschildern (500 x 500 mm) dargestellt, die bei elektrifizierten Strecken an den Masten der Oberleitung und bei nichtelektrifizierten Strecken an Pfählen in sichtbarer Höhe angebracht werden.

Im Modell macht die maßstäbliche Stationierung wegen der stark verkürzten Längenentwicklungen keinen Sinn. Dennoch sollte man Kilometersteine »nach Gefühl« setzen, denn ihr Vorhandensein trägt wesentlich zum vorbildgetreuen Eindruck der Anlage bei. Ein Kompromiß ist die verkürzte Aufstellung von Kilometersteinen, bei denen die Zahlenangaben unkenntlich, d.h. verwischt sind.

So einfach und doch im Modell oftmals schwer nachzugestalten: Ein Freileitungsmast mit einer Traverse.

Freileitungen
Entlang der früher meistens nichtelektrifizierten Bahnstrecken waren stets »Telegrafenleitungen« an hohen Masten, den sog. »Telegrafenstangen« zu finden. Zwar war die Telegrafiererei mit dem Morsealphabet längst schon aus der Mode gekommen, doch bezeichnete man diese Leitungen, die eigentlich in der Fachsprache Freileitungen heißen, immer noch so. Der Begriff »Stangen« für die Abstützpunkte dieser Freileitungen stimmt allerdings mit den Fachbegriffen überein: Die Fachleute sprechen in der Tat von »Einfach-« oder »Doppelstangen«, die maximal 50 m voneinander entfernt aufgestellt werden. An diesen Stangen sind Querträger, sog. »Traversen« befestigt, die die Isolatoren tragen. Je nach Leitungsbedarf können bis zu fünf (an Doppelstangen sogar sieben) Traversen untereinander befestigt werden. Ein Querträger nimmt bei Einfachstangen maximal acht, bei Doppelstangen bis zu 16 Isolatoren auf. Der Abstand der Leitungen untereinander beträgt etwa 250 mm, das Material ist eine Hartkupferlegierung. Die lichte Höhe der Freileitungen muß auf der freien Strecke 2,50 m, an Fahrwegkreuzungen 5,00 m und an Gleiskreuzungen 6,00 m über dem Erdboden betragen. Der Abstand zwischen Gleismitte und der dem Gleis am nächsten verlaufenden Leitung soll mindestens 3,00 m betragen. Besonders in Bögen werden die Stangen wegen der schräg verlaufenden Kräfte durch schräg angesetzte Stützen abgestützt.

Für die Aufstellung von Freileitungen im Modell gilt dasselbe, wie bereits bei der Kilometrierung ausgeführt: Eine maßstäbliche Aufstellung macht aufgrund der starken Verkürzungen keinen Sinn. So wird man auch Freileitungen nach »dem Gefühl« aufstellen und den goldenen Mittelweg suchen müssen. Als Material für die Stangen wird volles Rundmetall oder Rohr empfohlen. Gut geeignet dafür ist in der Nenngröße H0 Messingrohr mit 2 mm Außendurchmesser. Die Traversen bestehen dann aus Blechstreifen 0,3 x 1 mm und die Isolatoren aus Messingdraht (Ø0,5 mm). Die Porzellanisolatoren werden aus kurzen Stücken weißer Klingeldrahtisolation hergestellt, die mit einem Tropfen Sekundenkleber auf den Drahtenden befestigt werden. Handelsübliche Freileitungsmasten bieten u.a. die Firmen Auhagen, Brawa, Faller und Kibri an. Als Leitungen werden Beistrickfäden aus Gummi gespannt, die in Handarbeitsläden zu haben sind.

Kabelgrabenabdeckungen

Während bis zur Epoche IV noch vorwiegend Freileitungen installiert wurden, verlegt man heute Kabel vorzugsweise unter der Erde. Digitalisierung heißt das Zauberwort, dem sich auch die Medienübermittlungen der modernen Bahnen nicht verschließen können. So sind die Freileitungen der Axt und der Säge zum Opfer gefallen, und dort, wo sie sich noch von Stange zu Stange schwingen, sind meist die Kabelgräben schon geschachtet. In diesen Kabelgräben sind viele Leitungen vereint: Starkstromleitungen für Bahnstrom, Steuerleitungen für Signale und andere Einrichtungen sowie Kommunikationsleitungen aus Draht und Glasfasern.

Die Kabelkanäle für Erdleitungen bestehen aus oben offenen, U-förmigen Betonelementen mit 500 mm Breite und 300 mm Tiefe. Die Länge der Elemente beträgt 500 mm. Zwei versetzt angeordnete Nasen an den Stoßstellen sorgen für eine sichere Lage. Abgedeckt werden diese Kanäle mit Deckensteinen. Das Ganze wird so tief in die Erde

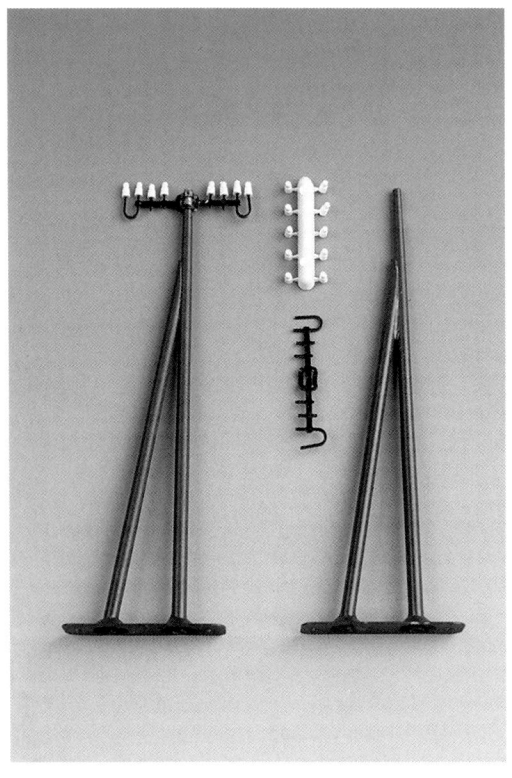

In der Nenngröße H0 bietet die Firma BRAWA gut gestaltete Freileitungsmasten an. Das Gestänge besteht dabei aus gelöteten Messingrohren auf die die Traverse aufsteckbar ist. Die Isolatoren bestehen aus Plastikhütchen, die sich stramm auf die Hörner der Traverse aufstecken lassen.

Eine besondere Art Kabelgräben abzudecken war auf diesem Bahnsteig zu entdecken.

3.6 Sonstige Anmlagen am Gleis

eingelassen, daß nur noch die Deckensteine zu sehen sind. Dort wo keine Erdkabel-Kanäle angelegt werden, ruhen die Kabel in U-förmigen Rinnen aus Aluminium. Diese Rinnen sind etwa 350 mm breit und 200 mm tief. Auch sie werden mit Deckelementen aus Aluminium abgedeckt und sind etwa 500 mm über dem Erdboden an Profilstangen (U 50 mm x 50 mm) aufgeständert. In Abständen von etwa 200 m verschwinden diese Kabelkanäle in Schaltkästen oder Schalthäuschen.

Im Modell sind solche Anlagen besonders in Bahnhöfen und neben modernen Strecken sinnvoll. Die aufgeständerten freiliegenden Kanäle sind besonders an Vorort- und S-Bahnen zu finden. Da ohnehin nur die Deckel der Kabelkanäle zu sehen sind, genügt im Modell die Verlegung einzelner Holzplättchen, die mittelgrau lackiert werden. Freiliegende Kabelkanäle aus Aluminium bildet man gut mit Streifen aus Styrene von evergreen nach. Dabei werden die verschieden breiten und dicken Kunststoffstreifen übereinander geklebt und anschließend mit Silberbronze gestrichen. Die Stützen dieser Kabelrohre werden ebenfalls aus Winkelprofilen aus Plaste (evergreen-Profile) hergestellt.

Normen Europäischer Modellbahnen	NEM
Umgrenzung des lichten Raumes bei gerader Gleisführung	**102**

Verbindliche Norm   Maße in mm   Ausgabe 1979

Diese Norm bestimmt bei Nachbildung von Regel- und Breitspurbahnen[1]) das Umgrenzungsprofil, in das kein fester Gegenstand hineinragen darf[2]), um ein berührungsfreies Verkehren von Fahrzeugen nach NEM 301 zu gewährleisten.

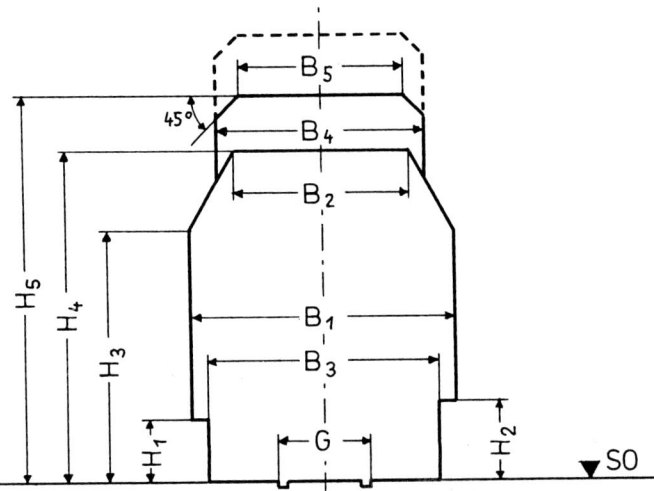

Maßtabelle

Nenn-größe	G	B_1	B_2	B_3	H_1	H_2 [3])	H_3	H_4	bei Fahrleitungsbetrieb[4])		
									B_4	B_5	H_5 [5])
Z	6,5	20	14	18	4	6	18	24	16	13	27
N	9,0	27	18	25	6	8	25	33	22	18	37
TT	12,0	36	24	32	8	10	33	43	28	22	48
H0	16,5	48	32	42	11	14	45	59	38	30	65
S	22,5	66	44	57	15	19	60	78	50	38	87
0	32,0	94	63	82	21	27	85	109	68	52	120
I	45,0	130	87	114	30	38	118	150	93	71	165

Anmerkungen

[1]) Für Breitspurfahrzeuge wird nach NEM 010 die Regelspurweite G zugrundegelegt.

[2]) Funktionselemente und Seitenschienen für Stromspeisung dürfen in den unteren Teil hineinragen.

[3]) Nur für Güterrampengleise.

[4]) Bezüglich Fahrleitungsbetrieb siehe NEM 201 und 202.

[5]) Das Maß H_5 gibt die Begrenzung des lichten Raumes bei tiefster Fahrdrahtlage an. Der Fahrdraht und seine Halterung dürfen in den oberen Teil hineinragen.

Normen Europäischer Modellbahnen	**NEM**
Umgrenzung des lichten Raumes bei Gleisführung im Bogen	**103** Seite 1/2
Verbindliche Norm Maße in mm	Ausgabe 1985

Im Bereich von Gleisbögen ist die Umgrenzung des lichten Raumes nach NEM 102 außer dem Bereich des Stromabnehmers zur Bogen-Außenseite und Bogen-Innenseite hin jeweils um das Maß E in Abhängigkeit vom Bogenradius und dem zu verwendenden rollenden Material zu erweitern.

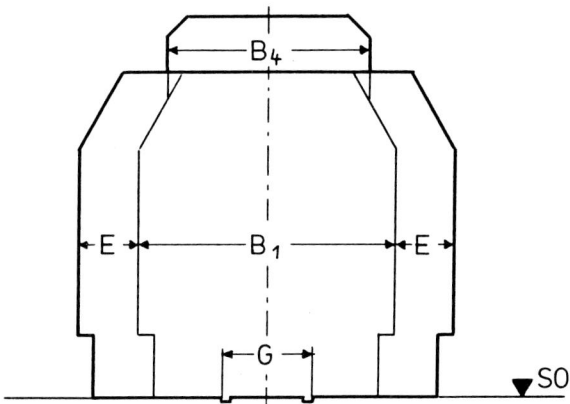

Für die Erweiterung ist der seitliche Ausschlag der Fahrzeuge bestimmend. Den größten seitlichen Ausschlag weisen Drehgestellwagen zur Bogen-Innenseite hin auf. Die Länge des jeweils eingesetzten Drehgestellwagens ist somit ausschlaggebend für die Größe des Maßes E.

Die Drehgestellwagen werden zu diesem Zweck in drei Gruppen unterteilt:

Wagengruppe A
mit bis zu 20,0 m Kastenlänge und 14,0 m Drehzapfenabstand,

Wagengruppe B
mit bis zu 24,2 m Kastenlänge und 17,2 m Drehzapfenabstand,

Wagengruppe C
mit bis zu 27,2 m Kastenlänge und 19,5 m Drehzapfenabstand.

Anmerkung:
Verkürzte Modelle der Wagengruppe C (z.B. bei Nenngröße H0 im Längenmaßstab 1:100) sind ggf. der Wagengruppe B zuzuordnen.

Die **Grenzmaße für die Wagenkastenlänge** entsprechen folgenden Modellmaßen:

Nenngröße →	Z	N	TT	H0	S	0	I
Wagengruppe A	91	125	167	230	313	460	625
Wagengruppe B	110	151	202	278	378	556	756
Wagengruppe C	124	170	227	313	425	625	850

Die Maße für die Erweiterung E sind der Tabelle auf Seite 2 zu entnehmen. Der Wert für die Wagengruppe A soll nach Möglichkeit nicht unterschritten werden, auch wenn keine Drehgestellfahrzeuge vorhanden sind.

NEM 103 Seite 2/2
Maße in mm — Ausgabe 1985

Maßtabelle für E

Nenngröße →	Z			N			TT			H0			S			0			I		
Radius des Gleisbogens	\multicolumn{21}{c}{Wagengruppen}
	A	B	C	A	B	C	A	B	C	A	B	C	A	B	C	A	B	C	A	B	C
175	2	3	5	4	/	/	/	/	/	/	/	/	/	/	/	/	/	/	/	/	/
200	2	3	4	4	6	/	/	/	/	/	/	/	/	/	/	/	/	/	/	/	/
225	2	2	4	3	5	7	/	/	/	/	/	/	/	/	/	/	/	/	/	/	/
250	1	2	3	3	5	6	6	/	/	/	/	/	/	/	/	/	/	/	/	/	/
275	1	2	3	3	4	6	5	8	/	/	/	/	/	/	/	/	/	/	/	/	/
300	1	2	3	2	4	5	5	7	10	/	/	/	/	/	/	/	/	/	/	/	/
325	1	1	2	2	3	5	4	6	9	9	/	/	/	/	/	/	/	/	/	/	/
350	1	1	2	2	3	4	4	6	8	8	12	/	/	/	/	/	/	/	/	/	/
400	0	1	2	1	2	4	3	5	7	7	11	14	/	/	/	/	/	/	/	/	/
450	0	1	1	1	2	3	3	4	6	6	9	12	12	/	/	/	/	/	/	/	/
500	0	0	1	1	1	3	2	4	5	5	8	11	10	16	/	/	/	/	/	/	/
550	0	0	1	0	1	2	2	3	4	4	7	10	9	14	19	/	/	/	/	/	/
600	0	0	1	0	1	2	1	3	4	4	6	9	8	13	17	19	/	/	/	/	/
700	0	0	0	0	0	2	1	2	3	3	5	7	7	11	15	16	25	/	/	/	/
800	0	0	0	0	0	1	0	2	3	3	4	6	6	9	13	14	22	29	/	/	/
900	0	0	0	0	0	1	0	1	2	2	3	5	5	8	11	12	19	25	23	/	/
1000	0	0	0	0	0	0	0	1	2	2	3	4	4	7	9	10	17	22	20	31	/
1200	0	0	0	0	0	0	0	0	1	1	2	3	3	5	7	8	14	18	16	25	34
1400	0	0	0	0	0	0	0	0	1	1	2	2	2	4	6	7	11	15	13	21	28
1600	0	0	0	0	0	0	0	0	1	0	1	2	2	3	5	6	9	13	11	18	24
1800	0	0	0	0	0	0	0	0	0	0	1	1	1	2	4	5	8	11	9	15	21
2000	0	0	0	0	0	0	0	0	0	0	0	1	1	2	3	4	7	9	7	13	18
2500	0	0	0	0	0	0	0	0	0	0	0	0	0	1	2	3	5	7	5	10	13
3000	0	0	0	0	0	0	0	0	0	0	0	0	0	1	1	2	3	5	3	7	10

In der Übergangszone zum Gleisbogen ist die Erweiterung der Umgrenzung des lichten Raumes der Skizze entsprechend vorzusehen.

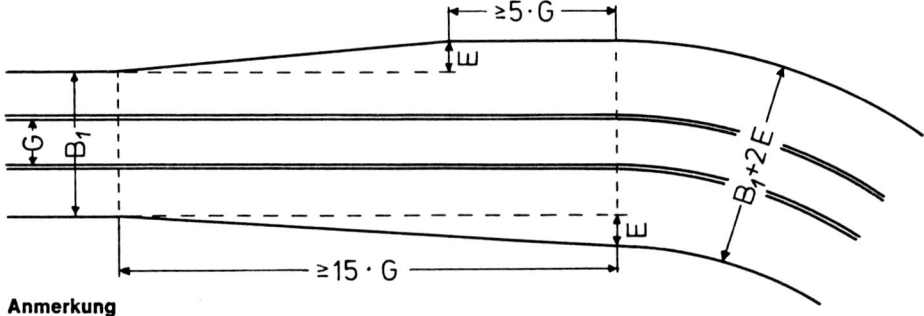

Anmerkung

Normen Europäischer Modellbahnen
Profillehre für Nenngröße H0

Beiblatt 1 zu NEM 102 / 103

Ausgabe 1984

1. Zweck

Mit Hilfe einer Profillehre läßt sich die Einhaltung des lichten Raumes sowohl in der Geraden als auch im Gleisbogen überprüfen.

2. Form und Ausführung der Lehre

Die Profillehre besteht aus zwei seitlich gegeneinander verschiebbaren Scheiben, die dem Umgrenzungsprofil nach NEM 102 ohne den Raum für Fahrleitungsbetrieb entsprechen. Sie werden durch eine Rändelschraube zusammengehalten.

Die eine der beiden Scheiben besitzt zwei Zapfen zur Arretierung auf dem Gleis. An der oberen Abschrägung ist in Form zweier Kerben das Maß B_4 für Fahrleitungsbetrieb markiert.

Die zweite verschiebbare Scheibe enthält an beiden Außenseiten eine Skala zum Ablesen des Wertes E nach NEM 103.

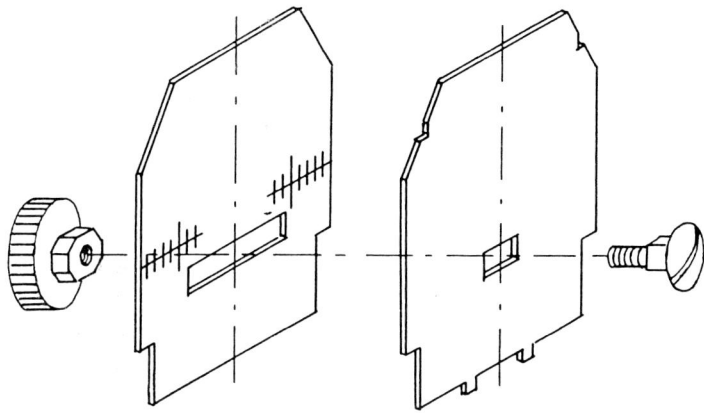

Der Profillehre wird vom Hersteller eine Gebrauchsanleitung beigegeben, aus der die wichtigsten Daten nach NEM 102/103 ersichtlich sind.

Die Lehre wird von der Firma

Sommerfeldt
Friedhofstraße 42
D- 73110 Hattenhofen

hergestellt und kann unter der Bestell-Nummer 100 über den Modellbahn-Fachhandel bezogen werden.

Normen Europäischer Modellbahnen **Umgrenzung des lichten Raumes** bei Schmalspurbahnen	**NEM** **104**

Empfehlung Maße in mm Ausgabe 1980

Diese Norm bestimmt bei Nachbildung von Schmalspurbahnen mit Spurweiten zwischen 650 und 1250 mm[1]) das Umgrenzungsprofil, in das kein fester Gegenstand hineinragen darf, um ein berührungsfreies Verkehren der Fahrzeuge zu gewährleisten.

Bei elektrischen Bahnen mit Oberleitungsbetrieb ist das Lichtraumprofil entsprechend den Erfordernissen zu erweitern.

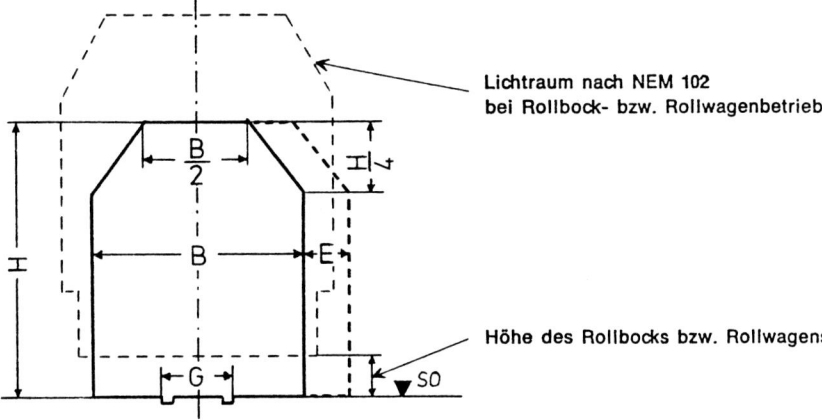

Lichtraum nach NEM 102 bei Rollbock- bzw. Rollwagenbetrieb

Höhe des Rollbocks bzw. Rollwagens

Maßtabellen

Nenngröße	Spurweite	H	B
Nm	6,5	26	22
TTm	9,0	34	28
H0m	12,0	48	38
Sm	16,5	64	52
0m	22,5	90	74
Im	32,0	126	104
II m	45,0	178	146

Nenngröße	Spurweite	H	B
TTe	6,5	32	26
H0e	9,0	46	36
Se	12,0	60	50
0e	16,5	86	70
Ie	22,5	120	98
II e	32,0	170	138

Die Breitenmaße des Lichtraumprofils gelten nur für gerade Gleisführung.

Im Bereich von Gleisbögen ist das Lichtraumprofil zur Bogen-Außenseite und Bogen-Innenseite hin in Abhängigkeit vom Bogenradius und dem verwendeten rollenden Material jeweils um das Maß E zu erweitern.

Das Maß E kann durch Versuche ermittelt oder durch folgende Formel errechnet werden:

$$E = R - \sqrt{R^2 - \left(\frac{A}{2}\right)^2}$$

Es bedeuten:
E = Erweiterung des Lichtraumprofils
R = Radius des Gleisbogens
A = fester Radstand bzw. Drehzapfenabstand des längsten Fahrzeuges

Anmerkung
[1]) Siehe NEM 010. Zusatzzeichen „m" und „e".

Normen Europäischer Modellbahnen
Tunnelprofile für Normalspurbahnen

NEM 105 Seite 1/3

Empfehlung — Ausgabe 1987

1 Allgemeines

Die in dieser Norm enthaltenen Empfehlungen dienen als Konstruktionshilfe für die Bemessung des Tunnelprofils. Sie führen besonders in schwierigen Fällen, wie sie beispielsweise durch engen Bogenradius oder großen Gleisabstand gegeben sein können, zu einem den jeweiligen Erfordernissen genau angepaßten Profil.

Vorzugsweise sollte man Tunneleingänge in die Gerade oder in solche Gleisbogen legen, bei denen eine Erweiterung des lichten Raumes nach NEM 103 nicht oder kaum erforderlich ist, um optisch zu groß wirkende Tunnelöffnungen zu vermeiden.
Die Tunnelwand sollte zumindest im einsehbaren Bereich des Tunneleingangs nachgebildet werden.

Die Größe des Tunnelprofils wird bestimmt durch
- die Betriebsart (mit oder ohne Oberleitung),
- den Bogenradius,
- die Länge der eingesetzten Fahrzeuge,
- den Gleisabstand bei mehrgleisigen Strecken.

Zur Ermittlung der Maße werden folgende Normen herangezogen:
  NEM 102 - Umgrenzung des lichten Raumes bei gerader Gleisführung,
  NEM 103 - Umgrenzung des lichten Raumes bei Gleisführung im Bogen,
  NEM 112 - Gleisabstände.

Beim Rechtecktunnel werden zwischen Tunnelwand und Umgrenzung des lichten Raumes schmale Seitenräume berücksichtigt, wie sie bei neueren Tunnel des Vorbilds als Sicherheitsraum oder für Einbauten üblich sind.
Beim Gewölbetunnel ergeben sich diese Seitenräume durch die Wölbung.
Es empfiehlt sich, bei elektrischem Betrieb die Oberleitung auf die nach NEM 201 zulässige tiefste Lage abzusenken.
Die Profile für Rechtecktunnel sind auch für Brückendurchfahrten anwendbar.
Die dargestellten Tunnelprofile berücksichtigen eventuelle Überhöhungen im Gleisbogen nach NEM 114.

2 Darstellung
2.1 Rechtecktunnel

Anmerkungen:
[1]) Maße B_1, H_4 und H_5 der Umgrenzung des lichten Raumes nach NEM 102.
[2]) Gleisabstand A nach NEM 112.
[3]) Erweiterung E nach NEM 103.
[4]) Die Tunnelwand kann im oberen Bereich abgeschrägt werden.

Konstruktion

1. Die Tunnelhöhe setzt sich aus den in der Zeichnung dargestellten Maßen zusammen.
2. Dei Tunnelbreite ergibt sich aus dem Breitenmaß B_1 (bei mehrgleisigen Tunnel unter Berücksichtigung der Gleisabstände nach NEM 112) sowie den beiderseitigen Seitenräumen 0,3 G.

   Bei Bogengleisen ist die so ermittelte Tunnelbreite beiderseits noch um das Maß E (NEM 103) zu erweitern.

NEM 105 Seite 2/3
Ausgabe 1987

2.2 Eingleisiger Gewölbetunnel

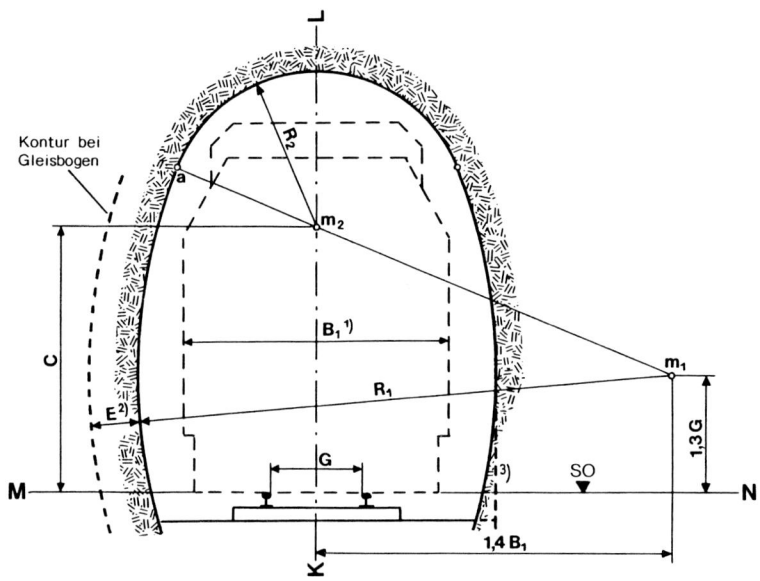

Anmerkungen:

1) Maß B_1 der Umgrenzung des lichten Raumes nach NEM 102.
2) Erweiterung E nach NEM 103.
3) Die Tunnelwand kann im unteren Bereich auch senkrecht ausgeführt werden.

Konstruktion

1. Tunnelachse K - L und Horizontale über Schienenoberkante (SO) M - N aufzeichnen.

2. Punkte m_1 und m_2 nach Abbildung bestimmen.

   Maßtabelle für den Wert C:
   - beim Tunnel ohne Oberleitung: $C = 2,2\ G$
   - beim Tunnel mit Oberleitung: $C = 2,8\ G$ bei geradem Gleis, $C = 2,3\ G$ beim Bogengleis.

3. Bei geradem Gleis: Kreisbogen mit Radius $R_1 = 2\ B_1$ um den Punkt m_1 zeichnen (ergibt Tunnelwand im unteren Bereich bis zum Punkt a).

   Beim Bogengleis ist R_1 um das Maß E (NEM 103) zu vergrößern.

   Beispiel für H0: Bogenradius 700, $B_1 = 48$, $E = 7$ mm
   $R_1 = 2\ B_1 + E = 96 + 7 = 103$ mm

4. Zur Darstellung der gegenüberliegenden Tunnelwand ist spiegelbildlich nach Punkt 2 und 3 zu verfahren.

5. Kreisbogen mit Radius R_2 (= Strecke m_2 - a) um den Punkt m_2 zeichnen (ergibt Tunnelwand im oberen Bereich).

NEM 105 Seite 3/3
Ausgabe 1987

2.3 Zweigleisiger Gewölbetunnel

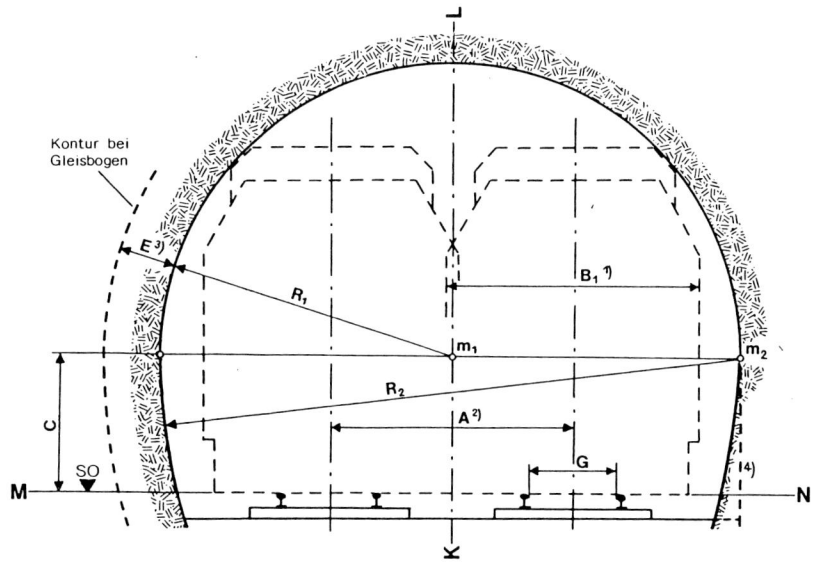

Anmerkungen:

1) Maß B_1 der Umgrenzung des lichten Raumes nach NEM 102.
2) Gleisabstand A nach NEM 112.
3) Erweiterung E nach NEM 103.
4) Die Tunnelwand kann im unteren Bereich auch senkrecht ausgeführt werden.

Konstruktion

1. Tunnelachse K - L und Horizontale über Schienenoberkante (SO) M - N aufzeichnen, Gleisabstand A nach NEM 112 ermitteln.

2. Punkt m_1 auf der Tunnelachse bestimmen und Horizontale durch m_1 aufzeichnen.

   Maßtabelle für den Wert C:
   - beim Tunnel ohne Oberleitung: C = 1,5 G bei geraden Gleisen,
     C = 1,7 G bei Bogengleisen,
   - beim Tunnel mit Oberleitung: C = 1,8 G bei geraden Gleisen,
     C = 1,7 G bei Bogengleisen.

3. Bei geraden Gleisen: Kreisbogen mit Radius $R_1 = 0,5\ A + 0,6\ B_1$ um Punkt m_1 zeichnen (ergibt Tunnelwand oberhalb der Horizontalen durch m_1).

   Bei Bogengleisen ist R_1 um das Maß E (NEM 103) zu vergrößern.

   Beispiel für H0: Bogenradius (Innengleis) 700, A = 52, B_1 = 48, E = 7 mm
   $R_1 = 0,5\ A + 0,6\ B_1 + E = 26 + 29 + 7 = 62$ mm

4. Kreisbogen mit Radius $R_2 = 2\ R_1$ um Punkt m_2 zeichnen (ergibt Tunnelwand unterhalb der Horizontalen durch m_1).

   Zur Darstellung der gegenüberliegenden Tunnelwand ist spiegelbildlich zu verfahren.

Normen Europäischer Modellbahnen	NEM
Begrenzung der Fahrzeuge	**301**

Verbindliche Norm Maße in mm Ausgabe 1979

Die dargestellte Fahrzeugbegrenzung gilt für Nachbildungen europäischer Regelspur- und Breitspurfahrzeuge.

Modelle von Vorbildfahrzeugen sind möglichst maßstäblich zu bauen. In jedem Fall müssen sich alle Teile, auch abgesenkte Stromabnehmer [1]), innerhalb der Begrenzung befinden.

Funktionselemente für Stromabnahme, Sicherungs- und Entkupplungseinrichtungen und dergleichen dürfen in den schraffierten Raum über der Schienenoberkante hineinragen.

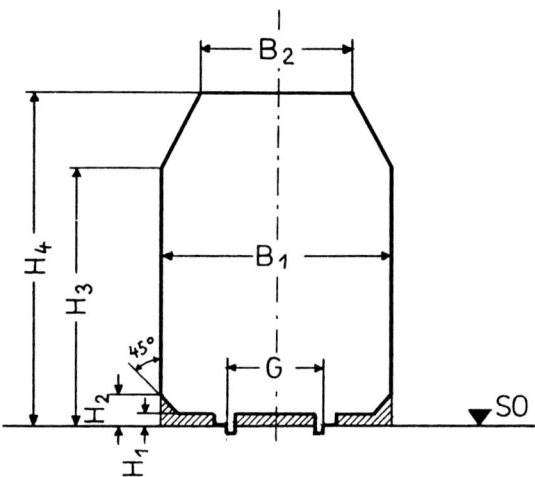

Maßtabelle

Nenngröße	G	B_1	B_2	H_1	H_2	H_3	H_4
Z	6,5	17	11	1	2	17	23
N	9,0	23	14	1	3	24	32
TT	12,0	30	18	1,5	4	32	42
H0	16,5	40	26	2	5	44	57
S	22,5	54	35	3	7	59	75
0	32,0	78	48	4	10	83	106
I	45,0	110	68	5	13	115	146

Anmerkung

[1]) Begrenzung des Arbeitsraumes der Stromabnehmer siehe NEM 202.

Adressen von Modellbahn- und Modellbahnzubehör-Herstellern

ASOA Klaus Holl
Postfach 440140
80750 München

Gleisschotter, Schotterkleber und Fließverbesserer

Auhagen GmbH
Hüttengrund 25
09496 Marienberg/Erzgeb.

Häuser-Modellbausätze in den Nenngrößen H0 und TT, Bahnübergänge, Halbzeuge und Zubehör, Schranken, Mauerwerksplatten, Rampen

BRAWA Modellspielwarenfabrik
Uferstraße 26-28
73630 Remshalden

Fahrzeuge und Zubehör in H0 und N, Bahnübergänge, Signale und Schranken mit Memory-Antrieb, Mauerwerksplatten aus Kunststoff, Messingprofile

Busch Modellspielwaren GmbH & Co
Heidelberger Str. 26
68519 Viernheim

Landschaftsgestaltung, Autos, Elektronik-Zubehör, PC-Gleisplanungssoftware, Schranken, Mauerwerksplatten aus Kunststoff

evergreen scale models
GSK Products GmbH
Lange Zeile 22
90419 Nürnberg

Profile und Platten aus Styrene (Polystyrol)

FALLER, Gebr., GmbH
Postfach 65
78148 Gütenbach/Schwarzwald

Gebäudebausätze für verschiedene Nenngrößen, Brücken und Rampen, Car-Systeme, Halbzeuge, Zubehör

FLEISCHMANN, Gebr.
Kirchenweg 13
90259 Nürnberg

Gleise und Fahrzeuge in H0 und N, Schranken

Floquil
über Hobby-Ecke Schuhmacher

Modellbaufarben

fohrmann WERKZEUGE
Sydowstraße 7 c-d
45731 Waltrop

Werkzeuge, Profile, Muttern und Schrauben

HEKI - KITTLER GmbH
Am Bahndamm 10
76437 Rastatt

Mauerwerksplatten, Tunnelportale, Arkadenformteile, Farben

Hirsch Metallwaren
Weiskircher Weg 20
63150 Heusenstamm

Profile und Bleche aus Messing, Kupfer und Alu

hobby time Bastel-System GmbH
88099 Neukirch/Bodensee

Modelliermassen, Abformmassen, Gießharze, Formenbau aus Latex und Silicon

Hobby-Ecke Schuhmacher Lerchenhofstraße 18 71711 Steinheim-Kleinbottwar	Fahrzeuge verschiedener Nenngrößen, Selbstbaugleissysteme, Weichenantriebe, Farben und anderes Zubehör Prellböcke
Humbrol über Modellbahn-Center Schüler Christophstraße 2 70178 Stuttgart	Modellbaufarben
kibri Spielwarenfabrik GmbH Postfach 1540 71034 Böblingen	Gebäudebausätze, Brücken und Rampen, Nutzfahrzeuge, Zubehör und Fertiggelände in den Nenngrößen H0, N und Z
Laggies-Modellbau über NOCH Modellspielwaren	Gleiswendel für die Nenngrößen H0, TT, N und Z, Brücken
Märklin, Gebr., & Cie. GmbH Postfach 860 73009 Göppingen	Gleise und Fahrzeuge in I, H0 und Z, Brücken, Schranken
MERKUR Modellbahnzubehör Gewerbestraße 5 79258 Hartheim	Gleisbettungen, Mauerplatten, Tunnelportale aus Styroplast für I, 0, H0 und N
Molak über WEINERT MODELLBAU	Modellbaufarben
NOCH GmbH & Co. Modellspielwaren Postfach 1454 88239 Wangen/Allg.	Landschaftsgestaltungssysteme und Fertiggelände in H0, TT und N, Zubehör, Mauerwerksplatten, Tunnelportale
PECO (über WEINERT - Modellbau)	Brücken, Bahnsteige, Mauersteinplatten, Prellböcke
Plastruct über KRICK MODELLTECHNIK Postfach 11 38 75434 Knittlingen	Profile und Platten aus Polystyrol und ABS
Pola Spiel-u. Freizeitartikel GmbH Am Bahndamm 7 97711 Rothhausen	Bahnsteige, Hallen, Mauerwerksplatten, Brücken, Tunnelportale
RAINERSHAGENER NATURALS Graßhoffstraße 40A 32425 Minden-Todtenhausen	Schotter, Sande, Puder, Flora, Geländebaumaterialien, Kleber und Beizen
Revell AG Henschelstraße 20-30 32257 Bünde	Modellbaufarben und Airbrushtechnik, Kleber und Spachtelmasse

Adressen von Modellbahn- und Modellbahnzubehör-Herstellern

Johann **Schullern** Gablonzer Straße 7 83395 Freilassing	Profile und Bleche aus Stahl, Messing und Neusilber, Werkzeuge, Schrauben, Plexiglasscheiben, Halbzeuge
Spieth - Modellbau Postfach 300131 70756 Leinfelden	Kräne, Prellböcke, Laderampe, Gleiswaage, Lademaße
VERBECK-Modellbau Postfach 2024 57450 Olpe	Kleinprofile, Stangenmaterial, Holzleisten, Werkzeuge
Viessmann-Modellbau Am Bahnhof 1 35116 Hatzfeld/Reddighausen	Laternen, Signale, Elektronik
VOLLMER GmbH & Co. KG Postfach 400920 70345 Stuttgart	Gebäudebausätze, Mauerwerksplatten in Karton und Kunststoff, Brücken und Rampen, Zubehör in H0, 0 und Z
WEINERT MODELLBAU Mittelwendung 7 28844 Weyhe/Dreye	Fahrzeug-Kleinserienbausätze, Zurüstteile, Signal- und Schrankenbausätze, Prellböcke, Zubehör in H0 und0
Werkstatt Spörle Belsenstraße 19 40545 Düsseldorf	Silikonkautschuk-Formen zum Gießen von Straßen- u. Mauerplatten, Tunnelportalen
WILAND über Paul M.Preiser GmbH Postfach 1233 91534 Rothenburg o.d.T.	Mauerwerk, Tunnelportale, Kaimauern
WOODLAND SCENICS Bachmann Industries Ltd. Otto-Seeling-Promenade 2-4 90762 Fürth	Material zur Landschaftsgestaltung, Foliagen und Baum- Sets, Gießmaterial, Tunnelportale, Brücken
Woytnik, Schubert & Kolosche Modell- und Anlagenbau Beifußweg 68a 12357 Berlin	Messingbausätze Brücken, Bahnhofshallen, Anlagenmodule

Sachwortverzeichnis

Abteilungszeichen 114
Altschwelle 75
Anschlußwinkel 39
Antrieb, elektropneumatisch 113
Antriebskurbel 112
Arkade 66
Auflager 17
Auflagerbank 44
Auflaufgeschwindigkeit 102
Aufschlagpfosten 112
Außenbahnsteig 73, 75, 79
Azeton 39, 41

Bahnsteig 73, 76, 81, 83
Bahnsteigbreite 76, 82
Bahnsteighalle 83
Bahnsteigkante 74-76, 82-85
Bahnsteigtunnel 79, 83
Bahnsteigüberdachung 76, 79, 82, 86
Bahnübergang 109
Bake 109
Balken 41
Basistunnel 48
Baugrund 32, 37
Bauhöhe 17, 29
Behelfsbrücke 30, 33, 35, 36
Betonbrücke 21
Betonfertigteil 75
Beulsteife 38
Biegefestigkeit 22, 25
Blindbogen 59, 66
Blinklicht 109-111
Bocklager 32, 41
Bogenreihe 27
Böschungswinkel 58
Bremskraft 104
Bremsverband 31
Bremsweg 104
Bruchgrenze 14
Brücke, beweglich 12, 33
Brücke, fest 12
Brücke, seilverspannt 15, 20
Brückenbalken 18, 28
Brückenbogen 19

Brückenüberbau 22, 26

Deckbrücke 13, 27, 28, 43
Deckenstein 116, 117
Dekorplatte 64, 66, 101
Doppelschranke 112
Doppelstange 115
Drahtzug 111, 114
Drehbrücke 12, 35
Drehscheibe 35, 102
Dreigelenkbogen 19
Druckkräfte 27
Druckspannung 26
Durchlaß 11
Durchlaufträger 17

Elastizitätsgrenze 13
Empfangsgebäude 75, 81
Endauflager 32, 36

Fachwerkbrücke 28, 29, 37-43
Fachwerkträger 15, 18, 23, 24, 28
Fahrbahn 13, 98, 101
Fahrbahnlängsträger 28, 31
Fahrbahnwanne 21, 26
Feldweite 29
Firststollen 48
Flachlasche 25
Fliehkraft 27
Flügelmauer 44
Freiheitsgrad 16
Freiladestraße 73, 87, 88, 97, 98
Freileitung 115, 116
Fußgängerbrücke 12, 75, 76, 80, 86
Fußgängertunnel 75, 76, 86
Futtermauer 58

Gebirgsdruck 48
Gegengewicht 113
Gehwegkonsole 28
Geländer 80
Gewölbe 27, 48

Gießform 45, 86
Gips 41, 45, 61, 85, 97
Gitterbehang 112, 113
Gleisabfangung 36
Gleisabstand 76
Gleisachse 75, 79
Gleisbremsschuh 102, 104, 106, 108
Gleissperre 100, 101
Gummitopflager 32, 42, 45

Halbschranke 109, 110
Hängebrücke 19
Hangneigung 58
Hangverbauung 58
Hauptgleis 75
Hauptträger 13, 14, 26, 28, 32, 40
Hausbahnsteig 73, 81
Höchstgeschwindigkeit 36, 107
Hohlkasten 18, 24-28, 36, 41
Hubbrücke 12, 35
Huckepackverkehr 99, 107

Ingenieurbauwerk 11, 47
Inselbahnsteig 73-76

Kabelkanal 116, 117
Kalotte 48
Kammermauer 44
Kämpfer 27, 48
Kanalbrücke 12
Karton, Pappe 39, 61, 66
Kilometerstein 114, 115
Kinematik 33
Klappbrücke 12, 33
Knotenblech 25, 32, 38-41
Kreuzung 57
Kreuzungsbauwerk 17, 57
Kunststoff 45, 61
Kuppelstange 106

Ladehöhe 88
Laderampe 73, 87, 98-100
Läutewerk 110-114

Sachwortverzeichnis

Lawinenschutzwand 57, 60	Rollklappbrücke 33	Stützweite 23, 28, 36, 37
Leichtgewichtsmauer 58	Rollwagen 105-108	Stützwinkel 32
Massivbrücke 13, 20-22, 26 27, 32, 38-41	Schiebebühne 102	Talbrücke 15
	Schienenkopf 102	Trägerbrücke 43
Mauersims 68	Schienenoberkante (SO) 17 75, 88	Trägerbündel 36
Mauerwerkspappe 44		Trägerhöhe 37
Mauerwerksplatte 65-68	Schiffsbrücke 13	Tragfähigkeit 11, 19, 22, 23
memory-Draht 113	Schlingerverband 31	Tragklaue 106
Messingprofil 38, 40, 86	Schmalspur 104-107	Transportwagen 108
Moniereisen 21	Schotterbett 28	Traverse 115
	Schranke 109-114	Trockenmauer 58, 59
Natursteinmauerwerk 65	Schutzweiche 100, 102	Trogbrücke 13, 27, 28, 40
Niet 24, 39	Schweißtechnik 25	Tunnel 47, 48, 57, 61, 64, 79
	Schwellenstapel 36	Tunnelportal 48, 60, 61
Obergurt 24, 106	Schwelljoch 37	
Oberleitung 115	Schwergewichtsmauer 59	Überführungsbauwerk 57, 65
orthotrope Platte 28	Seilscheibe 112	Überladebrücke 105
	Seilverspannung 19	Umsetzkasten 105, 107
Papiermodell 38	Signalbrücke 12	Urmodell 62, 85
Pendellager 32	Silikon 41, 45, 62-65, 70	
Pendelstütze 32	Sinuslauf 20, 31	Verbundträger 13
Pfahljoch 37	Sohlstollen 48	Verkehrslast 21, 28, 32
Pfeiler 27, 32, 59, 66, 71	Spannbeton 21, 22, 28	Viadukt 20
Plattenbalken 28	Spannweite 21	Viehrampe 101
Plattenstoß 66, 67	Spannwerk 114	Vollwandträger 18, 23, 28
Polystyrol 41, 66	Sperrlänge 111	Voute 21
Prellbock 73, 102-104	Spurwechsel 104	
	Spurweite 104	Warnkreuz 109
Querbahnsteig 75	Stabbogen 19	Widerlager 19, 28, 32, 38 44-48
Querträger 28-32	Stahlbrücke 13, 22, 28	
Querverband 30	Statik 11	Widerstandsmoment 22, 24
	Stationierung 114, 115	Windverband 30, 39
Rahmen 20, 57	statisches System 16	
Regellichtraumprofil 63, 76 75, 79,	Stoßbohle 101	Ziegelmauerwerk 27
	Straßenbrücke 28	Zügelgurtbrücke 20
Regelspur 104, 105	Straßenroller 87, 100, 105	Zugkräfte 27
Richtstollen 48	Stützensenkung 17	Zugspannung 26
Rohrbrücke 12	Stützhöhe 20	Zwillingsträger 36
Rollbock 105-108	Stützknagge 40q	Zwischenbahnsteig 73-76, 79
Rollbockgrube 106	Stützmauer 48, 58-60, 65-70	
Rollenlager 32	Stützpylon 19	

Wir schreiben über mehr als Dampf!

Spannende Abenteuer mit der Eisenbahn, computergesteuerte Modellbahn-Tests, originelle Werkstatt-Tips, einmalige Fotos, Geschichten von Menschen und Maschinen – bei uns finden Sie alles, was Modell und Vorbild an Faszination bieten.

Überzeugen Sie sich selbst! Wir schicken Ihnen gern ein kostenloses Probeheft zum Schnuppern.

Also gleich anfordern – per Postkarte, per Fax oder telefonisch.

MODELLEISENBAHNER
MEB-Verlag GmbH
Postfach 10 37 43, D-70032 Stuttgart
Telefon (07 11) 21 08 0 75
Fax (07 11) 21 08 0 74